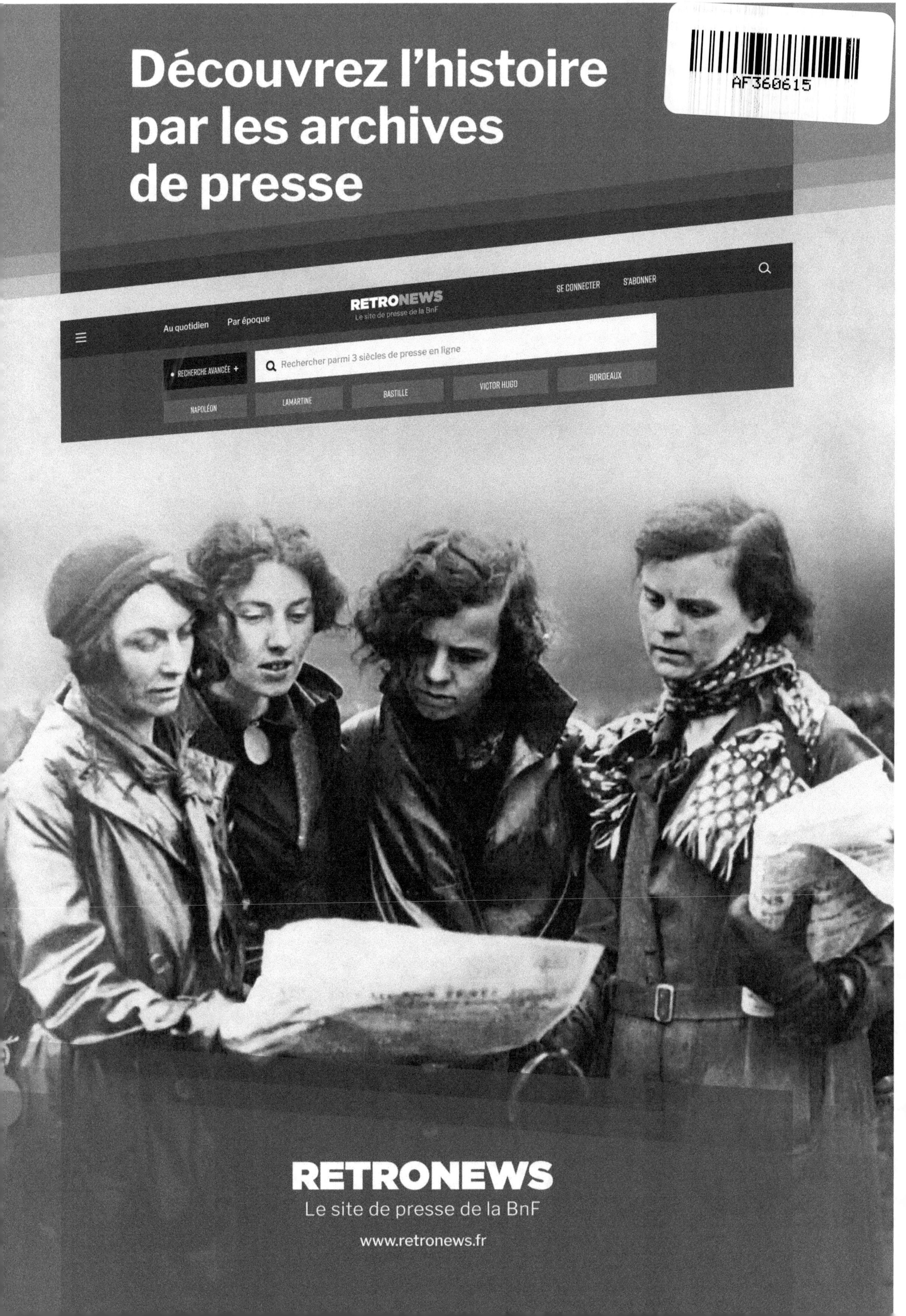

Découvrez l'histoire par les archives de presse

RETRONEWS

Le site de presse de la BnF

www.retronews.fr

SOCIÉTÉ DES SCIENCES,
DE L'AGRICULTURE ET DES ARTS DE LILLE.

—

SÉANCE SOLENNELLE
Du 18 Décembre 1910.

PRIX DE L'ANNÉE 1910

PROGRAMME DES CONCOURS DE 1911

LISTE DES MEMBRES

LILLE

IMPRIMERIE L. DANEL

1910.

SÉANCE SOLENNELLE
Du 18 Décembre 1910.

DISCOURS

De M. A. CALMETTE, Président de la Société.

MESDAMES, MESSIEURS,

J'obéis à une tradition plus que séculaire — puisque notre Société des Sciences est vieille de 109 années — en payant aujourd'hui la rançon du grand honneur que je dois à la bienveillante sympathie de mes collègues et au souvenir du Maître illustre qui m'envoya vers vous voici déjà seize ans !

Ce souvenir, auquel vous restez fidèlement attachés, vous en attendez certainement de moi l'évocation dès les premiers mots de ce discours.

Comment, en effet, pourrais-je ne pas rappeler qu'il y a juste cinquante-trois ans, *Pasteur*, jeune professeur de chimie et premier doyen de notre Faculté des Sciences, occupant ce même fauteuil, apportait à notre Société la primeur de son célèbre mémoire sur la *fermentation lactique* !

Il me semble que je manquerais à mon devoir filial si je laissais échapper l'occasion qui m'est offerte de faire revivre dans vos esprits cette page glorieuse de notre histoire scientifique. Vous m'approuverez donc, j'en suis sûr, d'avoir suivi l'inspiration de mon âme et d'avoir cédé au désir qui m'obsède de dresser, à l'occasion de cette séance solennelle par laquelle doit être clôturée mon éphémère présidence, une sorte de bilan de ce que l'œuvre de *Pasteur* doit au séjour qu'il fit à Lille et de ce que Lille doit à *Pasteur*.

Lorsqu'à peine âgé de 32 ans, en 1854, il vint prendre possession de la chaire de chimie que *Kuhlmann* avait illustrée à l'ancienne *École des Sciences*, avant que cette dernière eût été transformée en Faculté, *Pasteur* avait, certes, attiré l'attention de ses anciens maîtres, particulièrement de *Dumas* et de *Biot*, par ses qualités d'observateur réfléchi et par quelques découvertes d'un haut intérêt dans le domaine de la *Cristallographie*. Mais rien ne faisait alors présager que, de ces découvertes, sortirait bientôt toute une science nouvelle qui s'épanouirait sur le monde en innombrables bienfaits.

Alors qu'il était agrégé-préparateur à l'École normale et qu'il réunissait les éléments de sa thèse de docteur ès-sciences sur la *Polarisation rotatoire*, *Pasteur* avait été frappé des relations étroites qui existent entre la manière dont certains sels dévient le plan de polarisation de la lumière et l'existence de facettes particulières sur leurs cristaux. En étudiant les tartrates et les paratartrates que produisent divers végétaux, il avait trouvé leurs cristaux dissymétriques, c'est-à-dire que les uns portaient leurs facettes caractéristiques à droite, tandis que les autres les portaient à gauche. Cette constatation l'amena à penser que les substances organiques élaborées par les êtres vivants ont une constitution moléculaire *dissymétrique* et il trouva dans cette dissymétrie qui caractérise les animaux et les végétaux, la preuve d'une démarcation parfaitement nette entre le monde organique et le monde minéral.

Cette hypothèse semblait justifiée par un grand nombre de faits, mais elle était cependant quelque peu risquée.

Elle fut utile néanmoins, car elle permit à son auteur de mettre en évidence des phénomènes du plus haut intérêt.

Elle fit voir, par exemple, que certains organismes savent choisir pour leur alimentation telle forme dissymétrique de préférence à telle autre. C'est ainsi que, si l'on fait croître sur un liquide contenant de l'acide paratartrique des moisissures vulgaires comme le « *penicillium* » que l'on rencontre sous forme de duvet verdâtre sur les fruits avariés, on constate que cette petite plante microscopique consomme exclusivement l'acide qui dévie à droite le plan de polarisation de la lumière et qu'elle laisse le gauche inaltéré jusqu'à ce qu'elle n'ait plus d'acide droit à sa disposition.

Ces recherches, que je résume en quelques mots parce qu'elles sont indispensables pour éclairer la route que nous allons suivre, avaient occupé les dix premières années de la vie scientifique de *Pasteur*. Il les continua ici, tout en enseignant la chimie à l'élite de la jeunesse lilloise.

Un de nos plus éminents collègues, mon prédécesseur à ce fauteuil, *M. Bigo-Danel*, comptait alors parmi ses élèves assidus et il a relaté lui-même dans quelles circonstances mémorables il lui arriva d'orienter tout à coup l'esprit de *Pasteur* vers l'étude des fermentations.

Le père de *M. Bigo* possédait à *Esquermes* une des premières usines créées dans la région pour fabriquer l'alcool de betteraves. Or il se produisait souvent dans ses cuves certains phénomènes anormaux qui avaient pour effet de diminuer les rendements et qu'on ne parvenait point à expliquer.

Consulté sur la nature de ces phénomènes, *Pasteur* résolut de suivre minutieusement ce qui se passait pendant les différentes phases du travail.

On pensait à cette époque que la fermentation des liquides sucrés était due à une force mystérieuse, à laquelle on avait donné le nom de force *catalytique*, qui apparaissait dans les matières albuminoïdes altérées par l'action de l'oxygène de l'air. *Cagniard-Latour* avait bien vu cependant que, dans les cuves où fermente la bière, il se produit une multiplication intense d'un végétal microscopique, la *levure*, et que le développement de ce végétal paraît être en relation étroite avec les phénomènes de fermentation, c'est-à-dire de *transformation du sucre en alcool*. Mais l'opinion de *Liebig* prévalait alors dans la science. Or *Liebig* pensait que les cellules de levure meurent pendant la fermentation et que c'étaient leurs cadavres altérés par l'oxygène de l'air qui communiquaient au liquide sacré un mouvement de décomposition.

Pasteur, guidé par les travaux de Cristallographie dont j'ai parlé, et par sa méthode expérimentale d'une rigueur absolue, était conduit à admettre que la fermentation est toujours la résultante de la vie d'êtres inférieurs qui décomposent le sucre ou d'autres substances, pour employer une partie de ces dernières à la constitution de leurs propres cellules. Il montre en effet bientôt que la mauvaise utilisation du sucre s'accompagnait de formation *d'acide lactique* au lieu *d'alcool* dans les jus de betteraves mal fermentés de *M. Bigo*, et que cela résultait de la multiplication, à côté des cellules de levure, d'un autre être vivant très petit, qu'il dénomma le *ferment lactique*.

Les visites à l'usine d'*Esquermes* et les expériences faites avec les matériaux que l'on rapportait dans le laboratoire actuellement occupé, à l'ancienne rue des Fleurs, aujourd'hui boulevard Carnot, par l'Institut électrotechnique, fournirent à *Pasteur*, d'abord les éléments du fondamental mémoire qui servit de base à toutes les recherches entreprises par la suite sur les infiniments petits ; puis la matière d'un second mémoire sur un être microscopique qui produit *l'acide butyrique* et qui n'est capable de remplir cette fonction qu'en l'absence complète de l'air.

Pour ce dernier ferment, dont le développement accidentel s'observe parfois dans la profondeur des cuves, l'oxygène de l'air se trouvait être un poison, tandis qu'il est au contraire un aliment indispensable au ferment lactique. *Pasteur* était dès lors amené à diviser les êtres microscopiques en deux grandes classes : les *aérobies* qui ont besoin d'air pour vivre, et les *anaérobies* qui vivent sans air.

Il ne tarda pas à constater ensuite que le rôle *ferment* est étroitement lié à la faculté de vivre sans air ; que la levure qui fermente les jus de betteraves ou les moûts de bière ne produit d'alcool, c'est-à-dire n'est *ferment*, que quand elle se développe dans la profondeur des liquides en fermentation, à l'abri de l'oxygène, et que si l'on vient à l'obliger à vivre en surface, elle brûle le sucre mais ne le fermente pas.

Bientôt après, il s'aperçoit que toutes les décompositions de matières organiques, que la putréfaction de tous les cadavres animaux ou végétaux sont des *fermentations* résultant de la vie d'êtres microscopiques qui désagrègent, liquéfient, gazéifient, restituent finalement au monde minéral tous les matériaux des vies éteintes, pour que ceux-ci puissent servir à la genèse et à l'entretien de vies nouvelles !

Toutes ces découvertes, qui allaient avoir de si magnifiques conséquences, *Pasteur* les effectua dans le modeste laboratoire de la rue des Fleurs, en créant de toutes pièces des méthodes d'observation aussi précises qu'ingénieuses, et il n'avait à sa disposition qu'un microscope rudimentaire, des instruments montés ou construits par lui-même, dont une étuve chauffée au coke, sur le thermomètre de laquelle il fallait constamment veiller pour en régler la température ! Mais il ne songeait pas à se plaindre ni à désirer une installation plus confortable. Il était heureux de travailler librement. « J'ai enfin, écrivait-il à son camarade *Chappuis*, ce que j'ai toujours envié : un laboratoire où je puis aller à toute heure, au rez-de-chaussée de mon appartement ; et quelquefois, pendant que je dors, le gaz brûle toute la nuit et les opérations continuent leur cours ».

Au point où il en était arrivé, *Pasteur* devait se trouver amené à se demander d'où proviennent les ferments, comment ils apparaissent et se développent aux dépens de la matière organique morte. C'était tout le problème des *générations spontanées* que ses moyens nouveaux d'expérimentation allaient lui permettre de résoudre. Mais, pour confondre ses adversaires hétérogénistes, dont les principaux étaient

*

Pouchet et *Joly,* il fallait qu'il pût multiplier ses preuves devant ses contradicteurs, et la prolongation de son séjour à Lille n'était plus possible. Paris, l'École normale, puis l'Académie des Sciences le réclamaient. En octobre 1857 il dut quitter ses élèves pour aller étendre sur un champ plus vaste et faire bientôt progresser à pas de géant les applications de la science nouvelle que son génie venait de créer.

Du moins Lille peut-elle être fière d'avoir été pour Pasteur la grotte enchantée, de lui avoir fourni les premiers trésors d'observations et de suggestions grâce auxquelles il édifia le colossal monument scientifique qui perpétuera sa gloire. Sous ce ciel gris, à travers les fumées des cheminées d'usines, dans cette ville de labeur qui est, depuis des siècles, un inépuisable réservoir d'énergies intellectuelles et morales, l'âme de Pasteur se trempait pour les luttes futures; le cerveau méditatif du jeune savant s'adaptait aux contingences de la vie réelle. Le contact quotidien avec les industriels, la fréquentation des *Kuhlmann,* des *Lamy,* des *Violette,* des *Bigo* et de tant d'autres hommes éminents qui ont si largement contribué à préparer l'admirable essor économique de la capitale des Flandres, devaient forcément influencer *Pasteur,* éloigner son esprit des spéculations philosophiques et l'orienter vers la solution des questions dont l'utilité pratique lui apparaissait évidente.

C'est ainsi qu'avec une tranquille audace et sans jamais se départir de la plus sage prudence, après avoir confondu ses adversaires dans la célèbre controverse sur les générations spontanées, il s'engagea, sur la prière de son maître *Dumas,* dans l'étude d'un sujet qui lui était resté jusqu'alors totalement étranger, les *maladies des vers à soie.*

Cinq années lui suffirent pour rendre à l'industrie séricicole, dont la disparition menaçante allait causer la ruine des populations du Sud-Est de la France, une sécurité qu'elle n'avait jamais connue aux époques où elle était le plus prospère !

C'est ainsi qu'ensuite, continuant à répandre de fécondes

semences dans le sillon qu'il avait creusé, brûlant les étapes de la route qu'il s'était tracée, il applique successivement ses procédés d'exploration, ses méthodes de culture des infiniments petits à l'étude des maladies de la bière et du vin, à l'amélioration des procédés de fabrication du vinaigre.

Mais, de plus en plus, les analogies entre les phénomènes de fermentation et les maladies contagieuses de l'homme et des animaux lui apparaissaient évidentes ; de sorte que, de plus en plus aussi, il s'avançait sur le terrain biologique et il ne tardait pas à s'y engager définitivement pour le plus grand profit de l'humanité et de la science.

Alors commence la période vraiment héroïque des expériences sur l'atténuation des virus. Après avoir montré avec le *charbon*, avec le *choléra des poules*, avec le *rouget des porcs*, avec la *fièvre puerpérale*, avec la *septicémie*, avec la *furonculose*, avec la *rage*, comment les maladies se disséminent, il crée les méthodes de vaccination en se servant des germes de ces maladies elles-mêmes, transformés en vaccins. Et les découvertes se succèdent, se multiplient, ouvrant des horizons immenses à la Pathologie, à l'Hygiène, établissant les notions fondamentales sur lesquelles *l'antisepsie* et *l'asepsie* vont s'appuyer pour s'installer dans tous les services hospitaliers, pour chasser la mort des maternités et préparer les splendides triomphes de la chirurgie moderne !

Toutes ces conquêtes ne s'imposèrent pas sans luttes ardentes contre ce que *Charcot* appelait « la contradiction systématique et le murmure insidieux du dénigrement ». Mais personne ne les conteste plus et *Pasteur*, au soir de sa vie, lors du jubilé par lequel le monde entier fêta son 70ᵉ anniversaire, put goûter cette joie profonde d'assister, entouré de sa famille et de ses disciples, à son apothéose.

Les tributs d'admiration et de reconnaissance que lui apportèrent alors les savants de tous les pays ne lui faisaient point oublier les vieilles amitiés, ni les années de jeunesse laborieuse et productive qu'il avait passées à Lille. Bien qu'il fût déjà gravement malade, au mois de mai 1894, il résolut de venir présider, dans cette même salle, une conférence sur la diphtérie, que son plus cher élève, le *Dr Roux* fit à l'Assemblée générale de la *Société de Secours des Amis des Sciences*.

Il voulut alors revoir ce laboratoire de la rue des Fleurs, où le monde des ferments s'était révélé à lui pour la première fois. Et quelques-uns d'entre vous sans doute se rappellent les ovations qui l'accueillirent lorsqu'il se leva pour saluer ses anciens collègues, ses anciens élèves, et pour remercier la Ville de Lille de sa sollicitude pour les savants.

Ce fut là son dernier voyage. *Pasteur* m'en parlait avec émotion lorsque, quelques mois plus tard, il m'appela près de son lit pour me confier la mission que, depuis lors, je me suis efforcé de remplir ici selon les instructions qu'il me donna. Il désirait manifester à ses amis lillois toute la reconnaissance qu'il leur avait gardée au fond de son cœur et il voulait pour cela que, de toutes les villes de France après Paris, Lille fût la première à bénéficier de ses découvertes comme de celles de ses élèves, la première aussi à appliquer ses méthodes si fécondes au progrès des industries de fermentation, à celui de l'agriculture et à la protection de la vie humaine.

Qui pourrait contester aujourd'hui que ce vœu ait été pleinement réalisé ?

Si vous avez le droit d'être fiers de ce que la flamme immortelle du génie de Pasteur s'est allumée à votre foyer, il vous plaît de reconnaître que cette flamme est devenue pour vous le phare lumineux qui, même à travers les orages, guide le navire vers le port.

J'en appelle à tous ceux d'entre vos compatriotes, industriels brasseurs ou distillateurs de grains, de mélasses ou de betteraves, qui ne connaissent plus les désastres jadis si fréquents produits par les fermentations vicieuses qu'on ne savait pas éviter !

J'en appelle aux grands agriculteurs de vos belles et riches campagnes flamandes, dont les étables étaient jadis décimées par la fièvre charbonneuse et par tant d'autres épizooties dont les méthodes de vaccination ou de désinfection pastoriennes ont supprimé les ravages !

J'en appelle à vos chirurgiens qui, par l'antisepsie et, mieux encore par l'asepsie de nos laboratoires transportée dans leurs services hospitaliers et dans leur pratique chirurgicale, ignorent aujourd'hui ces hécatombes meurtrières que faisaient il y a seulement trente ans la fièvre puerpérale, la septicémie, le tétanos, les infections purulentes !

J'en appelle à vos médecins, à vos ingénieurs, à vos magistrats municipaux qui, par la sérothérapie préventive et curative, par la captation et la surveillance de vos eaux d'alimentation, par la lutte contre les poussières infectantes, par la désinfection méthodiquement effectuée au lit même du malade atteint de maladie contagieuse, par l'utilisation opportune des procédés de diagnostic précoce de la tuberculose, par la recherche et l'isolement des porteurs de germes infectieux, par la protection des rivières et des nappes aquifères souterraines contre les souillures microbiennes provenant des eaux d'égout, par la destruction des insectes véhicules ou inoculateurs de parasites ou de microbes dangereux, par l'éducation hygiénique des masses populaires, voient diminuer chaque année le nombre des morts par diphtérie, par fièvre typhoïde, par dysenterie, par typhus exanthématique, par méningite cérébro-spinale ou par tuberculose ! Tous savent aujour l'hui que, s'ils remplissent leurs devoirs de gardiens de la santé publique, ils disposent d'armes suffisamment efficaces pour que vous n'ayiez rien à redouter désormais des fléaux les plus meurtriers, comme la peste ou le choléra, qui s'abattaient jadis périodiquement sur vous. alors que vous étiez impuissants à les conjurer !

J'en appelle enfin à vous, mères de famille qui, grâce à *Pasteur* et à ses élèves, savez aujourd'hui préserver vos jeunes enfants de la gastro-entérite en *pasteurisant* ou en *stérilisant* le lait qui les nourrit.

Comment pourrions-nous oublier qu'à Lille la gastro-entérite, que les œuvres de protection de la première enfance, les gouttes de lait, les consultations de nourrissons auxquelles se dévouent un si grand nombre de celles et de ceux qui m'écoutent, rendent de plus en plus rare, enlevait jadis plus du quart des nourrissons dans la première année de leur enfance ; que la diphtérie causait chaque année une moyenne de 100 décès et qu'elle en occasionne maintenant moins de 10 ; que la mortalité annuelle par fièvre typhoïde, de 1885 à 1910, s'est abaissée progressivement de 59 à 8 ; que la tuberculose, cette grande mangeuse de jeunes existences, suit elle-même une progression décroissante analogue, puisqu'en moins de quinze années le nombre de ses victimes est tombé de 919 par an à 642 ?

Comment le souvenir de tant de bienfaits ne vous remplirait-il pas de reconnaissance pour celui qui les a répandus sur vous ?

Cette reconnaissance, il est juste de proclamer que vous l'avez manifestée de la manière la plus généreuse, la plus touchante et la plus glorieuse pour la mémoire de *Pasteur*.

Non seulement Lille a voulu que, sur l'une de ses places publiques, sur le chemin que suit chaque jour la jeunesse de ses écoles, s'élève une statue du Maître, autour de laquelle de superbes bas-reliefs rappelleront aux générations à venir l'histoire de ses plus belles découvertes ; mais encore, dans un admirable élan d'union et de patriotique orgueil, associant à sa pensée de gratitude la région du Nord tout entière pour lui permettre de réaliser une œuvre plus durable et plus grandiose, il a plu à la ville de Lille d'édifier dans ses murs un Institut qui fût consacré à l'extension des conquêtes de la science pasteurienne et qui portât, lui aussi, le grand nom de Pasteur ! Aucun hommage n'était plus digne à la fois de vous et de celui qu'il s'agissait d'honorer.

Dans cet Institut où, entouré d'une élite de collaborateurs fidèles, encouragé par l'affection et par la cordiale sympathie que vous lui prodiguez, soutenu dans sa foi ardente par son amour de la science et par ses sentiments de pitié pour les malheureux, celui qui vous parle s'efforce de suivre la voie que lui a tracée son Maître, on n'oubliera jamais qu' « en fait de bien à répandre, le devoir ne cesse que là où le pouvoir manque ! ».

Et puisqu'aujourd'hui j'avais le devoir de vous faire un discours, vous me pardonnerez d'avoir saisi cette occasion pour vivifier dans vos âmes le culte de *Pasteur*, immortel bienfaiteur de l'humanité, que notre Société des Sciences est fière d'avoir compté parmi ses membres, que notre Université s'enorgueillit d'avoir eu parmi ses professeurs et que la Ville de Lille se glorifie d'avoir compté parmi ses citoyens.

HOMMAGE AU PROFESSEUR GOSSELET

Par le Dr A. CALMETTE, Président.

PRÉSENTATION DE LA MÉDAILLE GOSSELET

MESDAMES, MESSIEURS,

Notre Société des Sciences est fière des hommes illustres qu'elle a comptés parmi ses membres et elle s'honore d'assurer la perpétuité des souvenirs de leurs bienfaits. Mais elle n'attend pas qu'ils soient entrés dans l'immortalité pour leur manifester son admiration et sa reconnaissance. Elle tient à les glorifier de leur vivant pour qu'ils éprouvent la joie suprême d'assister au triomphe de leurs doctrines, de leurs idées ou de leurs œuvres.

Nous voulons aujourd'hui réserver cette joie à l'un des nôtres qui, depuis plus d'un demi-siècle, ne cesse d'enrichir la science géologique d'une foule de découvertes dont la portée fut immense, puisque, par l'indication de nouveaux et vastes gisements houillers, par la révélation de richesses minéralogiques jusqu'alors insoupçonnées, elles ont donné un essor gigantesque à la vie industrielle de toute cette région du Nord de la France.

Depuis de longues années déjà, la renommée scientifique du *Professeur Gosselet* est universelle. Il est le maître incontesté de la géologie française et, par ses magnifiques travaux, par le désintéressement dont sa modestie ne souffrirait pas qu'il fût loué davantage, par la fidélité de son attachement à la Ville de Lille et à l'Université Lilloise, par l'intensité des sentiments de respect, de dévouement, d'affection profonde qu'il inspire à ses nombreux élèves, à ses collègues et à ses amis, il est vraiment digne d'être, lui aussi, selon la belle expression de *Shakespeare*, « *porté en triomphe sur nos cœurs* » !

Lors de son jubilé, que nous fêtions, il y a quatre ans, les Compagnies houillères, les industriels, les grandes villes de la région du Nord, unis dans un bel élan de gratitude, avaient résolu d'offrir au *Professeur Gosselet* un hommage qui perpétuât dans sa famille le souvenir des immenses services rendus par lui à la science et à son pays. Mais, en vrai savant français, notre vénéré Collègue ne voulut accepter le produit de la magnifique souscription qu'on lui présentait, qu'à la condition qu'il fût remis à la Société des Sciences et qu'il servît à récompenser par un prix les progrès des sciences géologiques.

Aujourd'hui, nous prenons notre revanche et, cette fois du moins, le *Professeur Gosselet* ne pourra plus se soustraire aux effets du complot tramé entre la Société Géologique du Nord et notre Société des Sciences pour triompher de sa modestie.

Les deux Sociétés réunies ont fait une souscription publique pour offrir, non plus seulement au savant illustre qui les a si grandement honorées, mais aussi à chacun de leurs membres, à tous les amis du Maître et aux futurs lauréats des Prix Gosselet, son image en relief et éternellement vivante, gravée par l'éminent artiste qu'est Hippolyte Lefebvre.

Le succès de cet appel à la gratitude de ceux à qui vous avez rendu tant de services, cher Monsieur Gosselet, fut tel que nous l'avions prévu. La Société Géologique de France, qui vous a attribué récemment le Prix Danton et avec le montant duquel vous avez fondé un nouveau prix, la Société Géologique du Nord, les Compagnies houillères dont vous avez accru la fortune, les grands industriels que vous avez

éclairés si souvent de vos utiles conseils, la Ville de Lille,
fière de votre renommée, vos fidèles élèves, vos collègues et
vos amis dont je suis ici l'interprète, s'unissent une fois de
plus pour vous présenter, avec leurs hommages de reconnaissance et d'admiration, cette médaille qui reproduit avec
une si vigoureuse ressemblance les traits inoubliables
de votre belle figure rayonnante de vive intelligence et
empreinte de tant d'infinie bonté !

RAPPORT

SUR LES

TRAVAUX DE LA SOCIÉTÈ

ET SUR LES

Prix d'Encouragement aux Sciences, aux Lettres et aux Arts

(ANNÉE 1910).

Par M. H. FOCKEU, Secrétaire général.

MESDAMES, MESSIEURS,

La présidence de l'éminent hygiéniste que vous venez d'entendre aura été marquée par l'éclat et la variété de nos réunions ; par l'extension de notre renommée scientifique, artistique, et littéraire ; par l'accroissement du patrimoine que nous consacrons à l'encouragement des travailleurs.

Elle comptera également dans la vie de notre Société parce que, durant cette année 1910, nous n'avons eu que des évènements heureux à enregistrer.

Il existe cependant une ombre légère à ce tableau. Notre sympathique collègue, M. Hochstetter, a quitté Lille pour aller chercher, aux bords de la Moselle, le calme et le repos. Il nous restera attaché comme membre correspondant et nous sommes persuadés que, dans sa retraite, il n'oubliera pas la Société des Sciences où il n'a laissé que des amis.

Le départ de M. Hochstetter, l'honorariat conféré à MM. Hallez et Mongy ainsi que les vacances créées par la disparition, en 1909, de plusieurs de nos collègues avaient produit de nombreux vides dans nos rangs. Pour combler ces vides nous avons appelé parmi nous cinq nouveaux membres titulaires : MM. Lemoine, Benoît, Douxami, Émile Théodore et Ledieu-Dupaix.

Ingénieur en chef des Ponts et Chaussées des Basses-Alpes, où il a acquis une remarquable réputation, M. Lemoine a bien voulu, en 1909, accepter la direction des travaux municipaux de notre ville : la recherche d'eau potable, la construction du Théâtre et de la Bourse lui ont fourni déjà l'occasion de mettre en relief ses brillantes qualités. La Société des Sciences est heureuse de le voir siéger aujourd'hui à côté de son distingué prédécesseur, notre collègue M. Mongy.

M. Benoit, professeur à la Faculté des Lettres, a brillamment conquis ses droits de cité en célébrant la gloire de notre collection de peinture. L'un de ses nombreux travaux « *La Peinture au Musée de Lille* », suffisait pour lui ouvrir toutes grandes les portes de notre Société. Nous savons pouvoir compter sur la haute compétence de notre nouveau collègue pour toutes les questions qui touchent à l'histoire de l'art.

M. Douxami, professeur à la Faculté des Sciences, connu des géologues par d'importants travaux, a surtout droit à notre estime par le magnifique monument qu'il a élevé en l'honneur de la ville de Lille et de la région du Nord en 1909 à l'occasion du Congrès de l'Association française pour l'avancement des sciences. Unissant ses efforts à ceux de notre collègue, M. Th. Barrois, M. Douxami a contribué à faire connaître les puissantes ressources artistiques, scientifiques et industrielles de la ville de Lille. Nous avons tenu à lui en témoigner toute notre reconnaissance en l'appelant à siéger parmi nous.

M. Émile Théodore, conservateur adjoint des Musées, avait aussi sa place indiquée dans notre Société. Il y sera un auxiliaire précieux pour la mise au point des questions archéologiques et artistiques que nous avons souvent à étudier. Jeune, actif, curieux de tout ce qui touche à l'histoire de Lille, il est le brillant élève de notre collègue, M. Rigaux, dont il saura conserver les traditions en ce qui concerne le culte des souvenirs lillois.

M. Ledieu-Dupaix est une des personnalités lilloises les plus en vue. Économiste distingué, notre Consul de Hollande est aussi un amateur d'art très avisé, un philanthrope des plus discrets et des plus modestes. Son nom est attaché à la plupart des œuvres utilitaires et sociales de la région du Nord.

M. Ledieu-Dupaix manquait à notre Compagnie et sa présence dans nos rangs nous fait le plus grand honneur.

Par suite de son élection toute récente, notre nouveau collègue siège pour la première fois parmi nous : je suis très heureux de lui souhaiter la bienvenue au nom de tous.

M. le Dr Calmette vient de rappeler, il y a un instant, la haute distinction qui a été conférée récemment à M. Gosselet ; lui-même doit recevoir ici toutes nos félicitations. La croix de Commandeur de la Légion d'Honneur qui récompense ses remarquables travaux scientifiques, lui a été décernée, fort heureusement pour nous, l'année même où il devait présider d'une façon si brillante aux destinées de notre Compagnie. C'est une coïncidence dont nous avons le droit d'être fiers.

Nos félicitations s'adressent également à M. Batteur, promu Officier de la Légion d'Honneur ; à M. le Docteur Oui, nommé membre correspondant national de l'Académie de Médecine ; à M. Faucheur, appelé à faire partie du Comité consultatif des chemins de fer.

− 18 −

*
* *

La plupart des communications faites par nos collègues dans le cours de cette année ont été reproduites in extenso dans notre bulletin. Je me contenterai de vous en donner un rapide résumé.

M. Rigaux, toujours chaleureusement accueilli quand il vient nous parler de notre vieille cité, nous a démontré, dans une causerie sur les noms des vieilles rues de Lille, que le principe de la dénomination des rues a changé complètement suivant les époques.

On connaissait jusqu'à ce jour un certain nombre de relations du siège de Lille en 1708 fournies par des contemporains, auteurs ou témoins. Ces récits ont tous été écrits par des personnages enfermés dans l'enceinte de la ville assiégée. M. Leuridan a eu la bonne fortune de découvrir un journal inédit dont l'auteur se trouvait non pas parmi les assiégés, mais à Seclin, à proximité des assiégeants. Notre collègue a interprété ce journal et, grâce à lui, après les témoins du dedans, nous avons entendu un témoin du dehors.

Après l'histoire des temps anciens, l'hygiène du moment. Par les statistiques savantes de M. Oui nous sommes fixés sur certaines causes de la mortalité infantile dans le milieu ouvrier lillois. Notre collègue nous a fait connaître d'autre part le fonctionnement, en 1909, du dispensaire du très regretté Léonard Danel.

Toujours à la recherche de documents anciens sur l'histoire de sa famille, M. Parenty a fait revivre devant nous l'évolution artistique des sculpteurs qui illustrèrent au XIIIe siècle la carrière de Marquise.

Avec M. Lemoult nous voici transportés au siècle de Louis XIV. Dans une causerie très spirituelle intitulée « Chimie et crimes au XVIIe siècle », notre collègue nous a dévoilé la mystérieuse et savante criminalité de certains grands seigneurs et grandes dames qui gravitèrent autour du roi Soleil.

Dans un cadre plus intime, M. De Winter nous fit une communication très agréable en nous recevant dans son atelier où nous avons pu admirer son envoi au Salon : une grand toile représentant le maître au milieu des siens.

Nous rappellerons ici que M. Boutry, le grand sculpteur lillois, a autorisé la Société à se servir de son médaillon pour la confection d'une plaquette à l'effigie de M. D. Petit ; cette plaquette sera prochainement terminée.

*
* *

Les conférenciers étrangers à notre Compagnie, qui sont venus l'entretenir de leurs travaux, ont été nombreux cette année.

M. Rollants, Chef de laboratoire à l'Institut Pasteur, a présenté les différents procédés d'évacuation et de traitement des ordures ménagères qui permettent de résoudre le problème si difficile de l'assainissement des villes.

M. Knapen, ingénieur-expert, nous a indiqué le mécanisme de son système d'assèchement et d'assainissement des constructions anciennes et nouvelles.

M. Rey, architecte, lauréat de la fondation Rotschild, a exposé ses théories nouvelles sur la construction moderne et examiné successivement les questions d'éclairage, d'aération, de chauffage et de ventilation dans la maison du XXe siècle, telle qu'il la conçoit. En faisant passer sous nos yeux de nombreuses projections de constructions américaines, anglaises et françaises, il a signalé les avantages qu'on peut retirer d'un plan conçu d'après les données modernes, tant au point de vue de l'hygiène que du rapport immobilier.

M. Fuster, professeur au Collège de France, a développé avec éloquence la question des retraites ouvrières en France et en Allemagne et préconisé devant nous diverses améliorations à apporter à la loi française.

« Les peintres français et italiens de 1600 à 1666 avant la fondation de l'Académie de France à Rome », tel a été le sujet d'une communication très documentée de M. Picavet, professeur au Lycée Faidherbe, que la Société connaissait déjà et dont elle a pu apprécier une fois encore le talent d'exposition.

L'inventaire sommaire des archives de Verlinghem avant 1790, travail de M. René Giard, archiviste paléographe, lauréat de notre Société, nous a été communiqué en séance. Cet inventaire contient des renseignements fort intéressants sur la vieille commune si bien connue des Lillois.

Rappelons que les conférences de MM. Rey et Fuster ont été accueillies avec le plus grand plaisir par le public qui avait été admis à y assister.

Nous avons également fait connaître au public, en les exposant dans l'une des salles du Palais des Beaux-Arts les travaux de nos pensionnaires Wicar à Rome.

M. Dilly, peintre de 4e année, avait envoyé d'Italie quelques impressions d'art parmi lesquelles un tableau intitulé « au Pays flamand ».

M. Gery Dechin, sculpteur de 2e année avait exécuté une figure nue grandeur nature « Campaspe posant devant Apelle ».

C'est aussi sous les auspices de la Société que paraîtra, comme nous l'avions annoncé l'an dernier, une série d'eaux fortes originales dues au talent de M. Omer Bouchery et destinées à sauver de l'oubli quelques aspects anciens de notre cité.

L'accueil favorable fait à la première de ces gravures « Le Pont Neuf », va permettre d'en éditer une seconde représentant les maisons voisines de la cour des Bons-Enfants démolies pour la construction du nouveau théâtre.

J'en arrive à la deuxième partie de mon rapport: la proclamation des lauréats des concours.

Prix Kuhlmann.

Le lauréat de cette année a été choisi parmi les représentants de la science chimique, dans laquelle s'est illustré le vénéré fondateur du Prix.

M. Richard Fosse, professeur de chimie organique à la Faculté des Sciences de Lille depuis 1902, a préparé sa thèse de Doctorat-ès-Sciences à Paris, dans le laboratoire de MM. Friedel et Haller, dont il est un des plus brillants élèves.

Très érudit, capable des conceptions théoriques les plus fécondes, expérimentateur habile et persévérant, M. Fosse s'est présenté aux suffrages de la Société avec une production scientifique tellement considérable, qu'il serait impossible de l'exposer ici dans son ensemble.

Les premières publications de M. Fosse remontent à l'année 1898. Elles concernent d'abord l'étude d'un produit d'oxydation du naphtol β.

Dans plusieurs mémoires et dans sa thèse inaugurale, l'auteur décrit la préparation du binaphtol, ses propriétés, ses dérivés. Il en établit la structure moléculaire et arrive à la conclusion inattendue que ce corps, malgré ses deux fonc-

***

tions phénoliques, s'éloigne considérablement des phénols pour se rapprocher des alcools.

En 1901, après avoir indiqué un procédé avantageux pour préparer l'aldéhyde dérivé du β naphtol, M. Fosse démontre l'inexactitude des formules et des propriétés attribuées à une longue série de substances à noyau naphtalénique. Il en indiqua la véritable nature, puis inaugura des recherches méthodiques sur les dérivés du pyrane, recherches qu'il n'a cessé de poursuivre jusqu'à l'heure actuelle.

L'exposé de ces travaux de longue haleine figure dans un nombre important de notes à l'Académie, dans un mémoire préliminaire aux Annales de Physique et de Chimie, dans un article de la Revue générale des Sciences, dans le Bulletin de la Société chimique, dans une brochure résumant des communications faites par l'auteur à Londres en 1909, au Congrès international de chimie appliquée et destinées à revendiquer la priorité de ses découvertes.

On a longtemps cru et affirmé que l'oxygène était capable d'engendrer seulement des acides et non des bases en s'unissant aux éléments ou radicaux électro-négatifs. Après les travaux de Friedel et de deux savants anglais, Collie et Tickle, les recherches de M. Fosse ont contribué à établir que l'oxygène possède aussi la faculté de créer des bases organiques. En 1901, des sels de nouvelles bases oxygénées furent découverts par M. Fosse et dénommés par lui sels de pyryle.

Enfin, dans un volumineux mémoire paru récemment, M. Fosse décrit une longue série de nouvelles substances obtenues en condensant avec les éthers β cétoniques, les éthers maloniques et les β dicétones, une matière importante de l'industrie des colorants.

Toutes ces recherches sont d'un ordre trop spécial pour pouvoir être mises suffisamment en valeur dans le cadre restreint de ce rapport. Je rappellerai seulement qu'elles ont valu à leur auteur les récompenses les plus enviées.

M. Fosse est lauréat de la Société de Chimie de Paris.

La Société d'encouragement à l'industrie nationale lui a
accordé le Prix et la Médaille Nicolas Leblanc. L'Académie
des Sciences lui a décerné à deux reprises le Prix Cahours
et successivement la Médaille et le Prix Berthelot.

A ces titres déjà nombreux, la Société des Sciences prend
plaisir d'ajouter sa plus haute récompense dans la section
scientifique, en proclamant M. Richard Fosse lauréat du
Prix Kuhlmann de 1.000 francs.

Prix Gosselet.

Parmi tous les travaux publiés depuis cinq ans sur la
géologie du Nord de la France, le Jury a choisi deux importants mémoires de M. Lucien Cayeux, professeur à l'École
supérieure des Mines de Paris et à l'Institut agronomique.

Après avoir couronné les années précédentes un strati-
graphe, un paléontologiste et un géographe, il a saisi avec
plaisir l'occasion de décerner le Prix Gosselet à un pétro-
graphe.

L'étude des roches et de leur mode de formation est certainement une des parties les plus importantes de la Géologie.
C'est en même temps une des plus récentes, car elle ne date
guère que du jour où l'on a pu appliquer le microscope à
l'étude des plaques minces. Pendant plusieurs années les
pétrographes se sont adonnés à l'étude des roches éruptives
et métamorphiques qui leur ont fourni des sujets d'étude de
la plus haute importance. Mais cette nouvelle science ne
paraissait pas pouvoir s'appliquer à notre région du Nord,
dont le sol est formé uniquement de craie, de sable et d'argile
déposés dans la mer. Il fallait trouver des méthodes pour
soumettre ces dernières roches à l'étude microscopique. C'est
ce qu'a fait, il y a une vingtaine d'années, M. Cayeux, alors
préparateur de Géologie à la Faculté des Sciences de Lille.
On peut dire que la Pétrographie des roches sédimentaires
est née dans le Laboratoire de géologie de la Faculté des

Sciences de Lille, sous la direction de notre savant collègue, M. Gosselet.

Le travail de M. Cayeux, consacré à l'Étude microscopique de la craie et de quelques roches siliceuses a été accueilli avec une grande faveur par les savants. La Société des Sciences de Lille a décerné à l'auteur le Prix Kuhlmann. Par sa date (1897), ce travail sort absolument du programme. Si nous le rappelons, c'est pour montrer que M. Cayeux n'est pas un inconnu parmi nous.

Depuis lors il a continué ses recherches. En 1906 il a publié un important mémoire sur les *Grès du terrain tertiaire parisien*. Malgré son titre, ce mémoire rentre parfaitement dans les conditions du prix, puisque le terrain tertiaire parisien s'étend jusque dans la région du Nord. Sur 43 espèces de grès étudiés par M. Cayeux, 24 proviennent de départements de la région du Nord et la plupart ont été pris sur les échantillons déposés au Musée de Lille

M. Cayeux a étudié non seulement les grès normaux, qui servent à paver nos rues, mais aussi des pierres très dures et très problématiques qui dérivent du grès et qui sont employés pour l'empierrement des chemins, telles que le silex à Nummulites, la Pierre de Stonne, dont l'étude microscopique avait déjà été commencée par M. Ch. Barrois.

M. Cayeux nous a fait assister à la naissance et à la solidification des grès sous l'influence de solutions siliceuses qui circulaient dans les sables et ensuite, pour les plus durs, par l'effet des eaux météoriques.

Le second mémoire de M. Cayeux date de 1909. Il traite des *Minerais de fer oolitiques de France*. Le premier fascicule, seul paru, ne s'occupe que des minerais provenant des terrains primaires. La plupart de ces minerais se rencontrent en Bretagne, en Normandie et en Anjou. Cependant on en a exploité dans le Nord, aux environs de Fourmies et de Trélon.

Ces travaux de M. Cayeux ont une grande importance géologique. Ils nous montrent une fois de plus que les roches ne se sont pas déposées telles que nous les voyons. Elles ont subi, dans l'intérieur du sol, une série de transformations dont l'histoire est un des problèmes les plus troublants de la Géologie. M. Cayeux a eu le bonheur d'écrire quelques chapitres de cette histoire. Le Jury a décidé de lui attribuer le Prix Gosselet.

Prix Danel.

M. Simon entrait en 1873 comme ingénieur ordinaire à la Compagnie des mines de Liévin, Il faisait partie alors du brillant état-major qui, sous la direction de M. Viala, allait porter cette Compagnie à l'avant-garde du progrès. Les ingénieurs de cette exploitation avaient foi en une théorie émise par notre éminent collègue, M. Gosselet, et d'après laquelle une faille oblique de plusieurs kilomètres de rejet, affectant le Midi de notre bassin houiller, réservait au Sud de Liévin, sous des couches renversées, sous le silurien même, des richesses houillères jusque là ignorées. Pour contrôler cette idée, une active campagne de recherches et de sondages fut savamment et patiemment poursuivie pendant 30 ans et la théorie géologique fut enfin vérifiée par l'expérience. Comme conséquence de cette découverte, l'avenir le plus brillant se trouvait assuré pour la Compagnie de Liévin et la richesse minière de la France était notablement augmentée.

M. Simon, nommé ingénieur principal en 1890 et directeur de la Compagnie en 1900, ne nous permettrait pas d'exposer ici quelle part fut la sienne dans cette œuvre collective des ingénieurs de Liévin. Peut-être, d'ailleurs, son rôle fut-il plus personnel encore dans une autre œuvre de Liévin, plus belle s'il se peut, parce que plus humaine, où il sut montrer, au péril de ses jours, sa sollicitude extrême pour la vie de ses hommes.

La mine de Liévin, riche en charbon, restait dangereuse par sa richesse en grisou et en poussières. Le grisou c'est l'ennemi redoutable qui rend la mine terrible au mineur. C'est le fléau qui renverse, brûle et empoisonne sur son passage quand il éclate, mais qui, invisible et tranquille quand il se dégage du charbon d'où il sort sans témoin, va sournoisement élaborer ses mélanges détonants dans les recoins les plus élevés, les moins accessibles des galeries. On lui fait partout la guerre en le chassant de ses retraites par un système savant de courants d'air, par un aérage intensif, de même qu'on combat les dangereuses poussières explosives par un arrosage systématique.

Malgré tous les efforts, il faut reconnaître que la situation générale au point de vue des accidents de grisou ne s'améliore que lentement, parce que l'intensité des catastrophes s'accroît en raison de la profondeur des mines.

M. Simon eut le mérite dès 1887 de s'attaquer face à face à ce terrible ennemi. Il alla chercher le grisou au fond au lieu de le chasser, courant au danger dès qu'un soufflard était signalé, recueillant avec soin le gaz qui s'échappait, le mesurant, l'analysant, l'étudiant sous tous ses aspects, avec cette pensée qu'un ennemi connu est à demi vaincu. En 1893, il fit au siège N° 1 de Liévin des expériences mémorables pour déterminer le régime du grisou dans la houille. Il est établi aujourd'hui par ces expériences que des sondages de grisou avec mesure de pression et de débit, institués méthodiquement, sont des moyens préventifs d'une grande utilité, parce qu'ils avertissent immédiatement des anomalies dans la répartition des pressions ou dans le débit des gaz.

On doit aussi à M. Simon une série de recherches ingénieuses et d'expériences originales sur le rôle, longtemps discuté chez nous, des poussières charbonneuses dans les explosions des mines. Ses expériences, faites dès 1887, établirent avec netteté les circonstances dans lesquelles l'inflammation des poussières charbonneuses en suspension peut prendre tous les caractères d'une véritable explosion à flamme immense et rapide.

Par ces travaux remarquables M. Simon s'était classé dans le bassin houiller comme le précurseur d'une œuvre féconde. Loin de se laisser absorber par ses fonctions de directeur, il a ouvert une série de recherches expérimentales d'une telle importance générale qu'il a été suivi par les pouvoirs publics et que grâce à lui la mine de Liévin est aujourd'hui réputée, de part et d'autre du Rhin, comme celle où la lutte contre le grisou est le plus savamment et le plus énergiquement menée.

Considérable à des points de vue si divers, l'œuvre de l'habile directeur de la grande et prospère Compagnie de Liévin se recommande surtout à notre attention comme celle d'un homme d'initiative dont l'action bienfaisante a de beaucoup dépassé les limites de sa concession. Les populations du Nord doivent lui être reconnaissantes d'avoir contribué à l'agrandissement du domaine minier régional et d'avoir, en chef dévoué, ouvert et mené la lutte contre les deux pires ennemis du mineur, le grisou et les poussières explosives.

C'est à ce chef bienfaisant, c'est à l'organisateur dans le bassin du Nord de la lutte contre le danger des explosions souterraines que la Société des Sciences décerne cette année son prix Léonard Danel : elle tient à remercier ainsi l'homme de cœur dont le travail et les mesures sagement préventives ont ravi au grisou de nombreuses victimes et empêché bien des larmes de couler au pays minier.

Prix Boldoduc.

Ce prix créé grâce à un don fait à notre Société pour perpétuer le nom de M. Édouard Boldoduc, graveur lillois, et augmenté d'une contribution gracieuse offerte par M. Pierre Boldoduc, en souvenir de son oncle, est décerné pour la première fois cette année.

Destiné à récompenser alternativement la lithographie artistique et la gravure commerciale, il a été favorablement accueilli par les artistes, à l'heure où les procédés photographiques envahissent de plus en plus l'industrie au détriment de la gravure proprement dite.

Après les graveurs lillois des XVIIe et XVIIIe siècles, après Vaillant, Masquelier, Helmann, notre regretté collègue Alphonse Leroy avait rénové à Lille le goût de la gravure en dirigeant avec distinction une école d'où sont sortis plusieurs prix de Rome.

C'est un des représentants de cette école que la Société des Sciences a choisi comme premier lauréat du Prix Boldoduc.

M. Omer Bouchery est un jeune graveur qui, dans une autre direction artistique, semble devoir se distinguer comme son oncle maternel, le grand sculpteur Lillois, Hippolyte Lefebvre. Ancien élève de nos Écoles académiques où il suivit les cours de nos collègues MM. Alph. Leroy et Ph. de Winter, M. Bouchery est admis définitivement à l'École nationale des Beaux-Arts de Paris en 1904, après avoir remporté en 1902 le 1er prix d'atelier. L'année même de son entrée à l'École, il est classé 7e en loge pour le grand prix de Rome. Admis en octobre 1904 à l'exécution du Prix Chenavard, il remporta ce prix en 1905. Deux ans après, on le voit figurer en bonne place au Salon des artistes français, où il reçoit le prix d'encouragement spécial de l'État. En 1907, la Société des Sciences lui accorde sa grande médaille de vermeil et, l'an passé, il est classé 2e en loge pour le grand prix de Rome de gravure en taille-douce. Enfin tout récemment, l'Institut lui décernait une des récompenses du Prix Detouche, Delage et Roux.

Ces brillantes étapes devaient attirer notre attention sur M. Bouchery. En lui remettant le Prix Boldoduc, la Société des Sciences désire témoigner au jeune graveur en quelle haute estime elle tient ses travaux et elle le désigne comme exemple aux candidats des futurs concours Boldoduc.

Prix du Département.

Sciences. — M. le Docteur Jules Looten fils, candidat au Prix départemental dans la section des sciences, est le digne continuateur des traditions paternelles. Jeune encore, il a déjà fourni, près de la Faculté de Médecine, une carrière brillante.

Successivement externe puis interne des hôpitaux de Lille, il entra en 1902 au laboratoire d'anatomie où il devint bientôt prosecteur.

Plusieurs fois lauréat de la Faculté de Médecine où sa thèse fut récompensée en 1906 par une médaille d'or, M. le Dr Looten fils a pris depuis huit ans une large part au fonctionnement de l'important service des travaux pratiques d'anatomie et de médecine opératoire.

Il était aisé de prévoir qu'avec une pareille éducation scientifique, M. Looten ne manquerait pas d'orienter ses efforts principalement vers l'anatomie.

Les travaux qu'il nous a fournis à l'appui de sa candidature, se divisent en quatre catégories :

1º Une série de notes de médecine et d'intéressantes observations cliniques ;

2º Trois observations de chirurgie pratique ;

3º Deux notes d'anatomie chirurgicale où s'accentuent davantage les tendances scientifiques de l'auteur ;

4º Une série particulièrement intéressante de travaux d'anatomie pure, favorablement accueillis du monde savant et relatifs pour la plupart aux organes de la circulation. Le plus important de ces mémoires, celui qui est relatif aux recherches anatomiques sur la circulation artérielle du cerveau, constitue une œuvre remarquable à tous égards qui fait honneur à son auteur. Notre savant collègue. M. le Docteur Duret, l'un des hommes les mieux qualifiés pour en apprécier la portée, en a fait le plus grand éloge et en a accepté les conclusions.

Sans trancher des questions aussi importantes, chacun des autres mémoires de M. Looten apporte une contribution nette et précise à la connaissance de faits dont l'auteur a entrepris l'étude.

La Société félicite le Dr Looten fils de l'œuvre accomplie en un temps relativement si court; elle espère qu'il poursuivra avec ardeur une carrière scientifique commencée sous d'aussi heureux auspices et, pour l'encourager dans cette voie qu'elle aime à pressentir féconde, elle lui décerne une médaille d'or.

Lettres. — Seul en France jusqu'à présent, M. Pierre Jouguet, Professeur à la Faculté des Lettres, a pris l'initiative de fonder un Laboratoire et une École de Papyrologie.

C'est à une résurrection du passé que M. Jouguet a appliqué toutes les ressources d'un esprit aussi prudent que prompt, d'une science abondante et sûre, d'une méthode patiente et féconde.

De longs et fréquents séjours dans le monde hellénique, et dans cette annexe que devint à un moment donné pour l'hellénisme la terre d'Egypte, plaçaient le jeune savant dans des conditions particulièrement favorables à l'accomplissement de l'œuvre à laquelle il s'est si heureusement consacré.

De ces temps si curieux, de cette vie si complexe tout à fait abolie, des souvenirs subsistent ensevelis sous les sables et confiés à la tombe. La papyrologie nous fait lire, sur les enveloppes de papier superposées qui protègent les momies, mille documents précieux où se sont conservés pour nous, comme par miracle, les témoignages les plus variés d'une existence sociale que le labeur d'infatigables chercheurs réussira à reconstituer.

Rien de plus intéressant à voir que l'installation matérielle du Laboratoire de Papyrologie de M. Jouguet. Rien de plus digne d'être observé que les opérations par lesquelles passent successivement les cartonnages des momies avant que les papyrus isolés et reconstitués se prêtent aux lectures et aux interprétations utiles.

Dès sa naissance, une entreprise si nécessaire au bon renom de la science française, se classait au premier rang dans l'estime des papyrologistes de tous les pays et attirait sur elle l'attention de l'Institut de France qui, à plusieurs reprises, l'a récompensée, et celle du Gouvernement qui a confié à son directeur d'importantes missions.

Dans la longue liste des travaux de M. Jouguet, une place d'honneur revient aux Papyrus déchiffrés à Lille. Grâce à ce jeune savant, le nom même de notre ville est désormais lié à celui d'une science nouvelle. Les historiens de l'antiquité sont désormais tenus de faire figurer les Papyrus de Lille parmi leurs sources les plus sûres.

Est-il nécessaire de dire que les travaux de cet ordre ne sont pas de ceux qui acquièrent la popularité. Ils n'y prétendent pas non plus. Mais n'y avait-il pas là une raison tout à fait décisive pour une Société savante à qui les réalités sont plus sensibles que les apparences et pour qui les recherches désintéressées sont du plus haut prix, de distinguer, pour lui marquer une exceptionnelle estime, l'œuvre du savant papyrologiste lillois.

Pour l'ensemble de ses travaux, la Société des Sciences est heureuse d'attribuer à M. Pierre Jouguet la plus haute récompense dont elle dispose dans la Section des Lettres, son grand Prix d'une valeur de 500 francs.

M. Maurice Vanhaeck, docteur en droit, a écrit l'*Histoire de la Sayetterie à Lille*, excellente étude d'une industrie qui fit la prospérité et la réputation manufacturière et commerciale de la ville de Lille, du XVe siècle jusqu'à la fin de l'ancien régime.

A la lecture de ce travail, on ressent une impression de sympathie, à la fois triste et émue, pour ces travailleurs qui apportèrent tous leurs soins, à n'employer que de bonnes matières, à agrandir et à perfectionner leurs manufactures, vivant, pendant trois siècles, simples et humbles, mais conscients de la prospérité que leur travail apportait au commerce de leur ville.

On peut être reconnaissant à leur historien de nous les avoir fait connaître si intimement. Pour le récompenser de cette belle œuvre d'histoire locale, la Société décerne à M. Maurice Vanhaeck, une grande médaille d'or.

M. Jennepin, un ancien lauréat de notre Société, qui lui a décerné jadis une médaille de vermeil pour sa *Monographie de l'agriculture dans le pays de Maubeuge*, nous présente cette année son *Histoire de Maubeuge*, dont la partie moderne est particulièrement remarquable.

L'historien complète l'agronome et la Société est heureuse de décerner à M. Jennepin une médaille d'or.

M. Auguste Broyant, sténographe en chef du Conseil municipal, est l'auteur d'une sténographie abrégée et rapide, ouvrage des mieux compris, simple, clair, concis et très méthodiquement gradué.

Pour ce travail, d'une réelle valeur et qui mérite d'être propagé, M. Broyant reçoit une médaille de vermeil.

Arts. — M. Paul Duprez, architecte, a présenté de bons dessins de compositions architecturales et de nombreux projets dont quelques-uns ont été exécutés. C'est l'œuvre d'un travailleur cherchant à bien faire et dont les efforts méritent d'être récompensés. Dans ce but, la Société décerne à M. Duprez une médaille d'argent.

M. Constant Portebois est un jeune peintre qui vient de quitter l'école des Beaux-Arts où il a fréquenté l'atelier de notre collègue M. De Winter. Dans les deux portraits de grandeur nature à mi-corps qu'il nous a envoyés, l'auteur s'est imposé de grandes difficultés en choisissant un fond coloré et clair dont la valeur diffère peu de celle des figures. Il y a dans ces toiles des qualités d'observation qui indiquent un peintre consciencieux et travailleur. M. Portebois reçoit une médaille d'argent et un prix de 50 francs.

MM. Vermeersch et Quivy ne sont plus des débutants mais des artistes déjà sûrs de leur métier et de leurs moyens.

M. Stéphane Vermeersch a soumis à l'appréciation de la Société de nombreuses études de paysages d'aspects variés, d'une couleur franche et peints avec liberté. C'est le travail d'un artiste sincère, heureusement impressionné devant la nature. La Société décerne à M. Vermeersch une grande médaille d'argent et lui achète deux études.

M. Louis Quivy nous a présenté un envoi beaucoup plus important. Ce sont tantôt des paysages du Midi où de petites figures pittoresques s'agitent dans l'ombre fine et transparente des pays du soleil, tantôt des vues bien enveloppées de la campagne du Nord aux lignes plus calmes, aux colorations plus fortes, appelant aussi une exécution plus solide qui d'ailleurs ne fait pas défaut. La couleur de ces toiles est toujours claire, la facture en est légère et variée. La Société décerne à M. L. Quivy une médaille de vermeil et lui achète une de ses œuvres.

Mᵐᵉ Nicq-Doutreligne, dans les loisirs que lui laisse une vie consacrée au professorat, a trouvé le temps d'étudier et de composer tout une série d'œuvres d'art appliqué pour laquelle la Société lui a accordé en 1908 une grande médaille de vermeil. Son envoi de cette année comporte d'heureux essais dans l'art longtemps négligé de la dentelle et de ses imitations.

Beaucoup parmi les modèles présentés ont été traduits par les fabriques de Calais, d'autres ont figuré au Salon de Paris et à la dernière Exposition de Bruxelles, section de l'enseignement. La Société a pris plaisir à examiner ces travaux qui révèlent un goût délicat et une réelle habileté. Elle accorde à Mme Nicq-Doutreligne un rappel de grande médaille de vermeil en y joignant des félicitations qui s'adressent à la fois au talent de l'artiste et au dévouement du Professeur.

Nos Bienfaiteurs

Nos collègues, MM. Léon Lefebvre et Paul Pannier, exécuteurs testamentaires de M. D. Petit ont fait don à la Société du montant de leurs honoraires. Un prix de photographie de 250 francs sera créé avec les revenus de cette somme à partir de 1912 en mémoire de M. Delphin Petit.

MM. Louis Delcourt et Cie de Lille, se sont inscrits spontanément pour une somme de 1.000 francs sur la liste de souscription destinée à la création d'une médaille perpétuelle en faveur d'anciens serviteurs de l'industrie.

Notre collègue M. Fauchille nous a remis, comme les années précédentes, 100 francs et une médaille d'argent pour un ancien serviteur.

Deux de nos collègues ont fait don de 100 francs chacun et d'une grande médaille d'argent pour être joints au rappel de médaille obtenu par deux travailleurs ayant 50 ans de services dans la même maison. Voilà une voie nouvelle ouverte à d'autres louables initiatives.

A tous ces bienfaiteurs nous adressons nos remerciments les plus chaleureux.

La liquidation de la succession D. Petit touche à son terme et atteint dès maintenant le chiffre respectable de 100.000 francs.

C'est un legs magnifique et nous sommes l'interprète de la Société tout entière en adressant de nouveau à la mémoire de notre regretté collègue et ami l'hommage ému de notre affectueuse reconnaissance.

Avec une partie du revenu de cette donation la Société des Sciences a décidé de créer pour 1911, un grand prix d'une valeur de 1.500 francs à décerner à un artiste-peintre, né dans le département du Nord ou y résidant depuis 10 ans.

Ajoutons que tous les objets ayant un caractère artistique dessins, faïences, porcelaines, etc., provenant de la succession Delphin Petit ont été offerts par la Société à la Ville de Lille, pour ses musées où ils sont maintenant exposés.

Je pense répondre au sentiment de tous mes collègues en remerciant ici publiquement MM. Léon Lefebvre et Paul Pannier, les exécuteurs testamentaires de M. D. Petit, du soin pieux qu'ils ont apporté à l'accomplissement de la délicate mission dont le testateur les avait chargés, estimant avec raison que nuls plus qu'eux ne sauraient déployer plus de dévouement, plus d'activité, plus de fermeté, plus de compétence et plus de tact pour mener à bien une aussi lourde tâche. La Société des Sciences n'oubliera jamais ce qu'elle leur doit et, en témoignage de reconnaissance, elle a décidé de faire frapper en or et de leur offrir à chacun la plaquette à l'effigie de Delphin Petit.

Nous sommes également très heureux de témoigner notre gratitude aux excellents collaborateurs qui ont aidé MM. Léon Lefebvre et Pannier dans l'accomplissement de leur mission et, conformément au vœu exprimé par eux, nous accordons, à titre exceptionnel, un jeton d'or à M. Léon Tamine, principal clerc de Me Deledique et Tamboise, notaires à Lille, professeur de pratique notariale à l'Institut pratique de l'Université de Lille ;

Un jeton de vermeil à M. Maurice Rousmans, caissier-comptable chez ces mêmes notaires ;

Un jeton de vermeil également à M. Victor Boussemart, caissier-comptable chez MM. Lefebvre-Ducrocq.

Ces jetons leur seront remis dans notre plus prochaine séance mensuelle.

Messieurs,

J'en ai fini avec cette énumération sincère mais imparfaite des faits et gestes de notre Compagnie.

En m'accordant votre bienveillante attention vous avez pu constater que la Société des Sciences a conservé fidèlement toutes ses traditions, qu'elle a rempli avec soin tous ses engagements, qu'elle s'est maintenue à la tête du progrès scientifique, artistique et littéraire.

Au début de cette année, en prenant place au fauteuil présidentiel, M. le Docteur Calmette évoquait devant nous le souvenir de Pasteur et nous rappelait cette parole de son illustre maître : « Travaillons… il n'y a que le travail qui amuse ». Nous avons écouté ce conseil et nous nous en félicitons.

RAPPORT

SUR LES

PRIX D'ENCOURAGEMENT

au Dévouement, au Travail et à l'Épargne

Par M. Alphonse THÉODORE.

Prix Delattre-Parnot.

Dans une de nos vieilles rues de Lille, où fut fondé au début du XVIIe siècle, le Couvent des Pénitentes, dont elle a gardé le nom, existe une cour en contrebas de la chaussée, à laquelle on accède par un escalier de pierre. C'est là, qu'en un modeste logis habite une famille de neuf personnes.

Le père, homme laborieux, dont la vue s'est presque éteinte après plus de 30 ans de loyaux services, se fait encore conduire chaque jour chez ses patrons, par un de ses plus jeunes enfants, pour ne pas cesser complètement de faire acte de présence dans la maison où il est occupé depuis si longtemps.

L'aînée de ses enfants, Julienne, a aujourd'hui 28 ans. La maison Philibert Vrau, où elle débuta à l'âge de 12 ans, voulant reconnaître ses aptitudes, son assiduité au travail et aussi le bon exemple qu'elle donnait à ses compagnes d'atelier par sa conduite digne d'éloges, venait de l'appeler à un poste de confiance, lorsqu'elle perdit sa mère. Elle dut renoncer à son emploi pour se sacrifier entièrement aux siens, remplacer auprès de ses frères et sœurs la mère absente, et subvenir en plus à l'entretien d'une tante aujourd'hui presque sexagénaire, atteinte d'une maladie nerveuse, aveugle depuis l'âge de 7 ans et que le père avait recueillie chez lui depuis de longues années.

La mort d'un frère survenue à la suite d'une grave opération, peu de temps après la disparition de la mère ; un autre frère amputé d'un bras au lendemain d'un accident de machine ; une sœur âgée de 21 ans, malade depuis 5 ans : voilà le milieu dans lequel s'est passé la jeunesse de Julienne Lherminez. Ne soyons pas surpris si ces multiples épreuves ébranlèrent parfois sa santé.

Sans jamais éprouver un moment de découragement, elle s'est constituée l'âme de la maison et la vigilante ménagère de cette nombreuse famille, que les évéments et la mort de la mère, avait confiée à sa garde.

Malgré une jeunesse endeuillée, malgré les souffrances morales qu'elle a dû endurer et les souffrances physiques des siens qu'elle a soulagées, malgré les préoccupations qui l'accablent et qu'elle s'efforce d'épargner et de ne pas laisser deviner à ceux qui l'entourent, elle oppose à tant d'adversité un visage calme, plein de douceur et de bonté, qui surprend et fait l'admiration de ceux qui sont les témoins de la tâche qu'elle s'est imposée.

Pour reconnaître tant d'abnégation, de sacrifice et un si beau dévouement, la Société des Sciences décerne à Julienne Lherminez le prix Delattre-Parnot d'une valeur de 300 francs avec grande médaille d'argent et diplôme d'honneur.

Prix de dévouement. Don anonyme.

Palmyre Ouvry avait 3 ans lorsqu'elle perdit son père en 1853.

Sa mère qui était dentellière rue St-Sauveur restait veuve avec trois enfants, dont l'aînée âgée de onze ans était toujours maladive. Dès qu'elle put travailler, la petite Palmyre, mise de bonne heure en apprentissage, apporta par son salaire, une faible ressource aux charges de famille.

À l'âge de 19 ans, elle vit succomber sa mère à la peine, et resta seule avec sa sœur qui a dû abandonner tout travail.

Elle accomplit un séjour de 34 années dans le tissage de M. Parsy, où elle fit l'admiration du personnel et de son patron par sa belle conduite, toute d'abnégation et de sacrifice, envers sa sœur aînée aujourd'hui âgée de 68 ans et qui, depuis plus de 25 ans, est minée par une tumeur maligne.

Tout dernièrement Palmyre Ouvry, vaincue elle-même par le surmenage et les privations, devint subitement aveugle, et voilà ces deux infortunées réduites à la misère, n'ayant pour vivre qu'un secours de l'assistance publique qui se résume à 50 centimes par jour, lorsqu'on a déduit le loyer d'une chambre qui les abrite depuis près de 50 ans et où, malgré cette pauvreté, tout est propre et dans un ordre parfait.

Palmyre Ouvry personnifie bien le dévouement des braves gens de St-Sauveur que notre chansonnier populaire Desrousseaux aimait tant à nous dépeindre en son langage patoisant.

La Société décerne un prix de dévouement consistant en une grande médaille d'argent, un diplôme et un prix de 100 fr. à Palmyre Ouvry.

Prix de dévouement. Création de la Société.

De la Flandre maritime qui fournit à chaque campagne en Islande son contingent de pêcheurs, et malheureusement, parfois aussi, de victimes, on nous signale une petite femme accorte, très dévouée, encore alerte et bien portante malgré ses 75 ans, qui est un personnage bien connu à Fort-Mardyck sous le nom de « la mère Caru ».

A l'âge de 22 ans elle épousait François Caru, pêcheur d'Islande, veuf avec six enfants, dont l'aîné avait 12 ans et le plus jeune à peine 2 ans, et qui de plus avait à sa charge sa vieille mère, atteinte d'un cancer à la face. C'est dans ces conditions que Rosalie Besnard se mit courageusement en ménage.

La famille s'accrut de 12 autres enfants et, pendant que le père naviguait en Islande, Rosalie Caru resta avec 18 enfants à soigner et à nourrir. Après 23 ans de cette vie laborieuse, son mari succomba à une maladie qui demanda pendant 4 ans des soins assidus.

De cette nombreuse famille de 18 enfants plusieurs ont disparu en mer, d'autres victimes d'accidents, laissèrent de nombreux petits-enfants à la charge de la mère Caru.

Actuellement la maman Caru, respectée et vénérée de ses dix enfants encore vivants et de ses 23 petits-enfants, tous élevés sous sa direction et ses conseils, dans de bons principes, trouve encore dans son cœur une place d'affection et de soins pour les petits enfants qui, souffrant de l'étiolement si fréquent dans nos cités industrielles, viennent à Fort-Mardyck chercher la santé.

Peu d'existences ont été si laborieusement et si honnêtement remplies.

Le plus grand éloge que nous puissions décerner à cette brave femme, c'est de rappeler ici les paroles d'un témoin autorisé, qui l'a vue à l'œuvre depuis toujours et qui nous écrit : « c'est la meilleure femme que je connaisse à Fort-Mardyck ». Dans son laconisme cette phrase résume bien la vie de Rosalie Caru, à qui la Société décerne :

Un prix de dévouement consistant en une grande médaille d'argent avec diplôme et 100 francs.

Originaire comme la mère Caru d'un village de la Flandre maritime, Wulverdinghe, Alphonse Mahieux aujourd'hui âgé de 72 ans est veuf depuis très longtemps.

Il y a quelques années, une de ses filles étant devenue veuve, à son tour, avec trois enfants en bas âge, dont un infirme, il alla se fixer chez elle à Watten et reprit sa vie de labeur pour assurer, avec son modeste salaire, le pain quotidien à toute cette famille, dont la mère atteinte de

tuberculose est impuissante à apporter le moindre secours
dans le ménage.

Ce bon vieux se prive de tout pour eux et, malgré son
grand âge et une infirmité qui le fait souvent beaucoup souf-
frir et lui rend le travail difficile, il va quand même à la
besogne sans perdre une heure, donnant ainsi à tous un
magnifique exemple de courage.

La conduite de ce vieillard fait l'admiration de ceux qui
sont témoins de son abnégation.

Si le dévouement envers son enfant est un acte essentiel-
lement humain, le cas exceptionnel de ce vieux père, man-
quant du nécessaire, qui trouve encore moyen de secourir
les siens et de recommencer la lutte pour la vie, n'en reste
pas moins digne des plus grands éloges.

La Société décerne un prix de dévouement consistant en
une grande médaille d'argent avec diplôme et 100 francs
à Alphonse Mahieux, demeurant à Watten.

Eugénie Drecq, couturière, fille de modestes ouvriers
agricoles très estimés dans le pays, est née à Bermerain
(canton de Solesmes), en 1865.

Jeune fille, elle se prive des satisfactions et des plaisirs
de son âge pour économiser quelques francs qui lui permettent d'envoyer, de temps à autre, un mandat-poste à son
frère, marin de l'Etat, tout en venant en aide à ses parents
par son travail de couture lui rapportant 1 fr. 50 par jour.

Plus tard elle est leur Providence lorsque devenus âgés et
infirmes, ils ne peuvent plus gagner leur vie. Son père est
mort, il y a trois ans, à l'âge de 80 ans, après de longues
années de souffrance, d'une maladie incurable qui nécessitait
des soins de tous les instants, devant lesquels elle ne se rebuta
jamais pour soulager les souffrances du vieillard.

A sa mère infirme âgée de 83 ans, frappée d'apoplexie
depuis plusieurs années, elle se prodigua nuit et jour,
s'ingéniant par tous les moyens à adoucir les derniers

moments de sa chère malade qui vient de succomber il y a 2 mois à une hémorragie cérébrale.

Le soir, après avoir vaqué aux travaux du ménage, elle se couchait près de sa mère infirme, la veillant malgré les fatigues de la journée, pour être prête à la moindre alerte.

Mais là ne se borne pas le dévouement d'Eugénie Drecq, elle joint à sa grande piété filiale l'amour de son prochain.

Sa bonté envers les pauvres gens, la régularité de sa vie, lui ont depuis longtemps attiré l'estime et le respect de tous ceux qui la connaissent et nous ne pouvons mieux faire que de citer ici le certificat d'un médecin témoin de sa belle conduite qui nous manifeste son admiration. « Chaque fois, dit-il, que ses devoirs professionnels l'appellent chez des malheureux, il trouve toujours Eugénie Drecq en même temps que lui au chevet des malades ou des blessés, les soignant et les consolant, sans jamais vouloir recevoir aucun dédommagement pécunier ».

La Société des Sciences est heureuse de pouvoir étendre son action bienfaisante à l'arrondissement de Cambrai, et elle décerne un prix de dévouement consistant en une grande médaille d'argent avec diplôme et 100 francs à Eugénie Drecq, de Bermerain.

Prix Edouard Van Hende.

M. Lucien-René Delinselle, né à Lille en 1852, instituteur-adjoint à l'école Paul Bert, rue du Long-Pot, à Lille a 35 ans de service dans l'enseignement. Il a fait ses études au Lycée de Lille, et a débuté à 23 ans au Collège communal de Tourcoing.

Après avoir occupé différents postes comme instituteur pendant 17 ans et obtenu six récompenses ministérielles, il revient à Lille, en 1904, pour convenances personnelles, et rentre dans le rang comme simple instituteur-adjoint.

Malgré ses connaissances pédagogiques qui le désignent à un poste plus élevé, il se consacre entièrement à son œuvre de prédilection : l'éducation de la jeunesse. Depuis six ans il fait à l'école Paul Bert la classe de huitième fréquentée actuellement par 76 élèves.

C'est un homme d'une conduite exemplaire, un père de famille modèle, et un maître dont ses supérieurs n'ont que du bien à dire. C'est de plus, un modeste, épris de mutualité ; il jouit de la sympathie de tous ses collègues indistinctement et de la confiance générale des familles.

La Société décerne le Prix Van Hende consistant en une médaille d'argent et 180 francs à M. Delinselle.

Prix divers.

Nous allons maintenant distribuer les médailles que de généreux souscripteurs nous ont permis de créer dans la section des encouragements au Travail. Voici les noms de nos bienfaiteurs :

Agache-Kuhlmann.
Blondeau (Mlle).
Bernard frères.
Bigo-Danel.
Max Brame.
Catel-Béghin.
Crespel et Descamps, Ch.
  Crespel et fils.
Danel.
Denneulin (Jules).
Descamps (Ernest).
de Vicq de Montdhiver (Mme).
Dupont-Fontaine.
Faucheur.
Grimonprez (Mme Firmin).

Loyer (Ernest).
Lauwick et Gallant.
Lefebvre-Ducrocq.
Poullier-Longhaye.
Quarré-Reybourbon.
Scrive-de Negri.
Scrive-Wallaert.
Tiberghien frères.
Wallaert frères.
Watrelot-Laden et Watrelot-
  Lelong.
Établissements Kuhlmann.
Société Théodore Barrois.
Lagache (Julien).
Laroche-Bauchet (Mme).

GRANDES MÉDAILLES D'HONNEUR EN VERMEIL,
décernées après 30 ans de services.

Edouard VAN DER STICHEL, directeur général des tissages, depuis
46 ans chez MM. Tiberghien frères, à Tourcoing.

Entré comme contremaître en 1864. Par ses connaissances
pratiques du métier de tisserand et des perfectionnements successifs
de l'industrie du tissage et des métiers, il devient directeur des
tissages. Malgré ses 80 ans et 46 ans de travail effectif, il est toujours
aussi zélé à l'ouvrage, réglant encore lui-même les métiers. —
A obtenu comme collaborateur : médaille de bronze, Paris 1878 ; —
médaille d'or, Paris, 1889 ; — médaille d'or, Bruxelles, 1897 ; —
médaille d'or, Tourcoing 1908.

Constant DELATTRE, conservateur des titres, depuis 44 ans chez
MM. Verley, Decroix et Cie, banquiers, à Lille.

Entré comme employé en 1869, il passe graduellement dans les
différents services des bureaux.

Son zèle et sa probité le désignent à l'attention de ses patrons qui
lui confèrent le poste de confiance de l'important service des titres.

Louis BOUGARD, caissier-comptable, depuis 40 ans chez M. Albert
Gossart, ingénieur-constructeur, à Lille.

Ancien employé aux ateliers de constructions d'Hautmont de 1862
à 1870. Il entre à cette époque comme comptable chez MM. Waag et
Mary, prédécesseurs de M. Gossart. D'une ponctualité remarquable
qui ne s'est point démentie un seul jour, il donne au personnel le
plus bel exemple d'honnêteté et de dévouement à son patron.

Louis LEQUIN, chef de la comptabilité, depuis 37 ans chez MM. Julien
Thiriez, père et fils, manufacturiers, à Lille.

Ancien employé des Ponts et Chaussées au Havre et à Dieppe de
1855 à 1860. Employé civil du Génie militaire à Lille de 1860 à 1873.
Entré à cette époque chez MM. Thiriez comme comptable, il se fait
remarquer par son intelligence, sa régularité parfaite dans ses fonctions et devient ensuite le chef de la comptabilité et le collaborateur
des importants établissements Thiriez.

Léon VANNELLE, directeur général des services intérieurs, depuis
33 ans chez MM. Samuel Walker et Cie, constructeurs de matériel
pour filatures, à Lille.

Fils aîné de veuve, débute à 14 ans comme calqueur à l'usine de

Fives. Deux ans après il entre comme dessinateur chez MM. Walker et C¹ᵉ; tout en aidant sa mère par son travail, il acquiert des connaissances spéciales et obtient différents diplômes. Après avoir dirigé pendant 15 ans le bureau des dessins, ses patrons appréciant ses mérites, sa loyauté et sa parfaite honorabilité, lui confient l'entière direction des services intérieurs.

GRANDES MÉDAILLES D'HONNEUR EN ARGENT,
décernées après 30 ans de services.

Henri MARTIN, contremaître, conducteur de machines tondeuses, depuis 50 ans chez MM. Louis Delcourt et Cⁱᵉ, à Lille.

Entré comme tisserand en 1858, il demande en 1865 un congé temporaire pour apprendre le métier d'ajusteur. Il rentre un an après et devient contremaître quelques années plus tard. Après avoir tenu cet emploi pendant 20 ans, il est depuis 24 ans au poste qu'il occupe aujourd'hui. Ouvrier modèle, intelligent; bonne conduite et assiduité au travail.

Camille ROUSSEAU, classeur, depuis 47 ans à la Société anonyme de Pérenchies, Etablissements Agache.

Entré au peignage de lin comme presseur, ce dévoué serviteur occupe maintenant l'emploi de classeur.

Hippolyte DESFONTAINES, magasinier, depuis 46 ans chez M. Albert Crespel, manufacturier, à Lille.

Entré à l'âge de 12 ans comme apprenti pelotonneur, il a toujours donné satisfaction complète à son patron par sa conduite et son travail.

Alexandre WINGLET, contremaître, depuis 39 ans chez MM. Wallaert frères, à Lille.

A débuté comme magasinier en 1871. S'est toujours distingué par sa bonne conduite, son activité et son assiduité au travail.

Charles ROGET, contremaître, depuis 32 ans chez MM. Vandervynck, entrepreneurs de peinture, à Lille.

A débuté comme ouvrier peintre; grâce à son activité et à la connaissance de son métier, il devint chef de chantier. Plus tard, à la mort de son patron, il fit preuve envers les fils de ce dernier, d'un grand dévouement. C'est un modèle d'exactitude. Il très aimé du personnel qu'il a sous ses ordres.

Charles CASTELEIN, contremaître, depuis 31 ans chez MM. Laurenge frères, entrepreneurs, à Lille.

Scrupuleux dans l'exercice de sa profession et la sauvegarde des intérêts de ses patrons, il a toujours montré un zèle et une activité inlassables. Sincère attachement et dévouement sans bornes à la maison Laurenge.

Henri DESCHAMPS, surveillant des chauffeurs, depuis 31 ans aux établissements Hannart frères, à Roubaix.

S'est toujours parfaitement acquitté de la besogne qui lui a été confiée. Assiduité au travail. Conduite exemplaire. États de services irréprochables.

Charles DEFONTAINE, garçon de magasin, depuis 31 ans chez M. Edouard Ragot, négociant, à Lille.

A débuté comme garçon de courses ; par son travail, sa probité et son dévouement, il a mérité la confiance de son patron depuis de longues années.

MÉDAILLES D'HONNEUR EN ARGENT AVEC PRIME DE 20 FRANCS,

décernées après 30 ans de services.

Charles VEYS, ouvrier marbrier, depuis 50 ans chez M. Deffrennes père, marbrier à Lille.

Ouvrier modèle, donnant l'exemple du courage et de l'assiduité au travail malgré ses 67 ans ; probité sans pareille, dévouement à son patron.

Adolphe DUFOUR, ouvrier fondeur en caractères, depuis 41 ans à l'imprimerie L. Danel, à Lille.

Ouvrier connaissant bien son métier, on n'a qu'à se louer de son travail et de sa conduite.

Rosine TOURNEMAINE, femme de confiance, depuis 40 ans chez M. Louis Defives, à Lomme.

Elle a élevé les enfants et plusieurs petits-enfants de ses maîtres, faisant preuve, en diverses circonstances, d'une grande abnégation. Sa loyauté, son désintéressement et sa fidélité sont dignes des plus grands éloges.

Léonard VERHOYE, surveillant des chambres à acide sulfurique, depuis 39 ans aux Etablissements Kuhlmann, à Lille.

Entré comme ouvrier aux fours à sulfate, il passa successivement dans différents postes où on n'a eu qu'à se louer de ses bons et intelligents services; ouvrier honnête qui a élevé une famille de 10 enfants.

Léonie GŒMAERE, fille de confiance, depuis 38 ans chez M. Eloy-Duvillier, à Roubaix.

A fait preuve d'un grand dévouement envers ses maîtres; entrée à l'âge de 18 ans comme femme de chambre, cette bonne et brave fille est digne des plus grands éloges.

Jean VANAGT, menuisier, depuis 37 ans chez M. Edouard Buisine, sculpteur, à Lille.

Honnête, intelligent, consciencieux, très dévoué à son patron, cet excellent ouvrier n'a jamais manqué un seul jour à son travail.

Marie BAILLON, fille de confiance, depuis 37 ans chez Mme Delcourt-Roquette, à Lille.

Conduite exemplaire, probité et zèle au travail, a fait preuve en diverses circonstances d'un attachement illimité à toute la famille de sa patronne.

Floris VERMESSE, bobineur, depuis 36 ans chez M. Descamps-Beaucourt, à Lille.

Ouvrier honnête, rangé et laborieux, a toujours rempli sa besogne avec soin.

Julie LEROY, dévideuse, depuis 36 ans chez MM. Catel-Béghin et Fockedey, à Lille.

S'est toujours appliquée à montrer le bon exemple par sa conduite, son assiduité et son zèle au travail. Elle est la plus ancienne ouvrière de la filature.

Henri LUTZ, ouvrier rubanier, depuis 35 ans chez M. H. Gallant et Cie, à Comines (Nord).

D'une conduite irréprochable, il a fait preuve depuis 35 ans de dévouement à son patron qui le considère comme un ouvrier modèle.

Marie HASBROUCK, cuisinière, depuis 33 ans chez Mme Henry Mathon, à Roubaix.

Comme sa sœur Rosine qui fut notre lauréate, elle est « probe et vaillante, elle veille avec un soin jaloux aux intérêts de sa patronne ».

Joséphine VANHOVE, née MORTREUX, femme de chambre, depuis 33 ans chez Mme Lecroart-Bernard, à Lille.

Entrée comme bonne d'enfants à l'âge de 16 ans ; aujourd'hui encore au service de Mme Lecroart à laquelle elle a donné toute satisfaction par sa fidélité et son dévouement.

Alfred HALATRE, conducteur de presses, depuis 33 ans à l'imprimerie L. Danel, à Lille.

Ouvrier actif, courageux et dévoué, précieux collaborateur.

Narcisse DONCE, ouvrier fondeur en caractères, depuis 33 ans à l'imprimerie L. Danel, à Lille.

Entré comme apprenti à l'imprimerie ; très bon ouvrier, a toujours donné satisfaction.

Oscar VERRIEST, conducteur de presses, depuis 32 ans à l'imprimerie L. Danel, à Lille.

A débuté comme apprenti, excellent ouvrier, intelligent, actif et dévoué, bonne conduite.

François TRÉFERT, garçon de magasin, depuis 32 ans chez M. Leloir, grainier, à Lille.

Toujours très exact au travail, sans jamais motiver de reproches, a servi avec fidélité et dévouement.

Justine DEQUEECKER, servante, depuis 32 ans chez Mlle Lerouge, à Lille.

Très brave, très dévouée, d'une conduite irréprochable, Justine Dequeecker peut être considérée comme modèle des serviteurs.

Marie CASTEL, femme de confiance, depuis 32 ans dans la famille Chevresson-Leduc, à Lille.

A soigné les enfants et arrière petits-enfants de ses maîtres. Elle s'est dévouée nuit et jour, sans trêve ni repos, pendant de longues années au chevet de Madame Chevresson mère, décédée à l'âge de 82 ans.

Félicité HANNART, cuisinière, depuis 32 ans chez M. Vermersch, à Lille.

D'une probité à toute épreuve, très dévouée envers tous, elle est venue en aide à sa vieille mère, et a facilité à ses neveux et nièces l'apprentissage d'un métier manuel.

Zoë MILLEVILLE, servante-cuisinière, depuis 32 ans chez M. Auguste Huot, à Lille.

A toujours servi avec fidélité, loyauté, capacité et dévouement; tels sont les termes très élogieux du certificat de son maître.

Malvina VANDERMESSE, fille de confiance, depuis 32 ans chez
Mme Boëlez-Ghillain, à Cysoing.

Entrée au service de sa patronne dès l'âge de 12 ans, elle fit
toujours preuve de bonne conduite et de courage ; elle prodigue ses
soins aux petits-enfants de Mme Boëlez restée veuve. Cette digne et
brave fille est aimée et respectée de tous ceux qui la connaissent.

Eugénie DUQUENNE, femme de chambre, depuis 31 ans chez
Mme Paul Le Gavrian, à Lille.

Bons et loyaux services, sans interruption ; attachement et fidélité
à sa patronne.

Charles BARGIBANT, imprimeur en congrève, depuis 31 ans à
l'imprimerie Lefebvre-Ducrocq, à Lille.

Très bon ouvrier, soigneux, assidu au travail, conduite irréprochable, très dévoué à ses patrons.

Louis BURETTE, jardinier, depuis 30 ans chez M. Bigo-Danel,
à Lille.

Fils d'un ancien jardinier resté également pendant 30 ans au
service de M. Léonard Danel, Louis Burette, honnête, courageux et
dévoué, a toujours donné pleine satisfaction.

Désiré GRIMONPONT, chef de poste-surveillant, depuis 30 ans à
la Raffinerie Bernard frères, à Lille.

Entré comme ouvrier raffineur, il a toujours donné satisfaction pour
sa conduite et son travail. Cet ouvrier, honnête et laborieux, occupe
maintenant un poste de confiance dans l'atelier d'encaissage du
sucre candi.

Louis DUHAMEL, ourdisseur à la main, depuis 30 ans chez
M. Louis Watine fils, à Roubaix.

Ouvrier modèle, sobre, actif, n'ayant jamais manqué à son
travail ; malgré ses 72 ans il donne encore l'exemple du courage
à ses camarades d'atelier.

Alphonse DUTILLEUL, ouvrier malletier, depuis 30 ans dans la
maison Soyez, à Lille.

Entré comme apprenti chez M. Soyez père, il a toujours été d'une
assiduité exemplaire ; ouvrier très digne, sobre, ayant élevé une
nombreuse famille.

RAPPELS DE MÉDAILLE D'HONNEUR.

Les rappels de médaille d'honneur accordés dix années après l'obtention de la récompense, lorsque les services ont été continués chez le même patron ou maître, ne donnent droit jusqu'à présent qu'à un simple diplôme.

Une innovation heureuse va se produire. Deux de nos collègues qui nous avaient signalé les mérites, qu'ils avaient été à même d'apprécier mieux que tous autres, des deux lauréats de ce jour, en apprenant que leur demande de rappel de médaille avait reçu un accueil favorable, nous ont fait don de deux grandes médailles d'argent et d'une somme de deux cents francs pour être jointes au diplôme obtenu. Grâce à leur libéralité, Augustine Defiez et Louis Cox vont recevoir une récompense équivalente à nos prix de dévouement.

Augustine Defiez, née à Annappes le 28 novembre 1846, est entrée chez MM. Barrois frères, à Fives, à l'âge de 14 ans comme varouleuse. Après quinze ans de séjour à la filature, où elle s'était fait remarquer par sa bonne conduite, elle est appelée au service particulier de M. et de Mme Barrois-Carpentier en qualité de femme de chambre. 35 ans de loyaux services lui valent en 1895 notre médaille d'honneur des anciens serviteurs.

Elle a montré un grand dévouement en soignant jusqu'à son dernier moment M. Barrois père, et depuis lors s'est consacrée avec une inlassable fidélité au service de sa bien-aimée patronne. La mort de cette dernière vient de mettre un terme à cette longue carrière de 50 ans de devoir accompli.

Mais Augustine est toujours là, occupant un poste de confiance, comme gardienne du foyer de famille.

En nous écrivant pour l'obtention d'une récompense en

faveur d'Augustine Defiez, un membre de la famille Barrois s'exprime ainsi :

« Pour nous tous : enfants, petits-enfants et arrière petits-enfants, qui gardons à cette brave fille une affectueuse reconnaissance pour les soins éclairés qu'elle a prodigués sans compter, aux deux regrettés chefs de notre famille, ce serait une joie profonde de voir la Société des Sciences reconnaître les services exceptionnels d'Augustine en lui décernant sa plus haute récompense, comme consécration d'une carrière toute de dévouement et d'attachement à ses maîtres ».

La Société, heureuse de ratifier ce témoignage, décerne à Augustine Defiez un diplôme de rappel de médaille d'honneur et elle y joint une grande médaille d'argent et 100 francs.

Louis Cox est entré comme apprenti papetier à l'Imprimerie Lefebvre-Ducrocq à Lille, à l'âge de 13 ans, le 15 décembre 1860.

Dix ans plus tard, notre lauréat, quoique fils d'étranger, s'engagea comme volontaire pour défendre la France. Incorporé au 1er régiment de mobilisés, il fut fait prisonnier à la bataille de Saint-Quentin. Interné à Coblentz, il revint après quatre mois de captivité reprendre le travail chez son patron qui l'accueillit avec joie.

Après 50 ans de loyaux services, il remplit encore dans le même établissement les fonctions de chef d'atelier, à la satisfaction de tous. Très dévoué à ses patrons qui le lui rendent bien par leur affectueuse estime ; très aimé de ses camarades avec lesquels il s'est toujours montré bienveillant, Cox est encore maintenant, ce qu'il a toujours été, un travailleur probe, consciencieux et modeste, d'une conduite irréprochable. Après un demi-siècle, il continue son service avec la même régularité et le même dévouement.

La Société, qui l'inscrivait à son palmarès en 1900, décerne aujourd'hui à Louis Cox un diplôme de rappel de

médaille d'honneur et elle y joint une grande médaille
d'argent et 100 francs.

Prix Auguste Fauchille.

La Société décerne une médaille d'argent, un diplôme et
un prix de 100 francs à :

François-Charles MOREL, âgé de 66 ans, fileur à la main, depuis
44 ans chez M. Henri Loyer, filateur, à Lille.

Honnête travailleur qui n'a mérité que des éloges pendant cette
longue carrière et qui personnifie bien le modèle des bons et fidèles
ouvriers.

Prix Victoire Parnot.

La Société décerne une médaille d'argent, un diplôme et
un prix de 60 francs à :

Gustave FLAMENT, chauffeur, depuis 55 ans à la distillerie de
MM. Lesaffre, à Quesnoy-sur-Deûle.

Entré en 1855 à l'âge de 12 ans comme manœuvre, est depuis 1861
chauffeur et n'a jamais cessé de donner entière satisfaction à ses
patrons.

Cours des Chauffeurs. — Prix de la Société.

La Société décerne aux élèves du cours municipal des
chauffeurs ayant obtenu, lors du dernier concours, les notes
19,5 ; 18,5 ; 18 ; 17,5 ; 17, les récompenses suivantes :

Gaston VANDENBROUCKE, une médaille d'argent, un diplôme et
un prix de 50 francs.

Paul GAURUEL, une médaille d'argent, un diplôme et un prix de
40 francs.

Camille DE LEPELEIRE, une médaille d'argent, un diplôme et un
prix de 25 francs.

Émile COLIN, une médaille de bronze et un diplôme.

Alfred DUSAUTIER, une médaille de bronze et un diplôme.

Émilien OLIVIER, une médaille de bronze et un diplôme.

Prix Henri Violette.

La Société remet le prix de 115 francs et un diplôme à :

Ovide DESPITCH, jardinier, père de deux enfants, occupeur d'une des maisons de la Compagnie Immobilière, rue de Dieppe, 55, à Lille.

COURS MUNICIPAL DE CHAUFFEURS

CONCOURS DE 1910.

Le nombre des auditeurs qui se sont fait inscrire au Cours des chauffeurs a été de 81.

Dix-huit candidats se sont présentés pour l'obtention du Diplôme de chauffeur-conducteur ; seize ont été admis comme ayant obtenu une moyenne de 15 au moins (20 étant le maximum (1).

Dix-sept candidats se sont présentés pour l'obtention du Certificat de capacité de chauffeur ; quatorze ont été admis comme ayant obtenu une moyenne de 14 au moins (20 étant le maximum).

Les examens ont témoigné de l'assiduité et des efforts des candidats et font ressortir une fois de plus, l'utilité de l'enseignement qui leur est donné.

La Société est heureuse de rendre hommage, comme les années précédentes, à la valeur et au zèle du professeur, M. Quembre.

---

(1) Le jury nommé par la Ville était composé de MM. NAUDÉ, professeur général des Ponts et Chaussées, directeur de l'Institut industriel, membre de la Société des Sciences ; ANGLÉS, ingénieur au Corps des Mines, sous-directeur de l'Institut industriel ; COLLETTE, ingénieur civil des Mines ; COSSART, inspecteur de la Traction au Chemin de fer du Nord ; MAGNIEN, ingénieur des Manufactures de l'État ; QUEMBRE, contrôleur des Mines, professeur du cours.

Diplôme de Chauffeur-Conducteur.

Résultats par ordre de mérite.

1. Gaston VANDENBROUCKE, né le 30 avril 1880, à Lille, employé à la Société anonyme d'Esquermes, à Lille.

2. Paul GAURUEL, né le 4 juin 1890, à Nantes, employé aux ateliers de constructions électriques de Lille, à Canteleu-Lille.

3. Camille DE LEPELEIRE, né le 20 octobre 1884, à Lille, employé chez MM. Wauquier et Cie, à Lille.

4. Émile COLIN, né le 14 juin 1892, à Lille, employé chez MM. Dujardin et Cie, à Lille.

5. Alfred DUSAUTIER, né le 21 décembre 1891, à Lille, employé chez M. Vanackère, à Roubaix.

6. Émilien OLIVIER, né le 19 février 1891, à Lille, employé chez MM. Fontaine et Cie, à Lille.

7. Félicien DELVAUX, né le 23 juin 1891, à Bazoches (Aisne), employé à la Compagnie de Fives-Lille.

8. Louis BOCQUET, né le 20 mars 1892, à Lille, employé chez MM. Peugeot et Cie, à Fives-Lille.

9. Gustave DECOSTER, né le 9 avril 1878, à Lille, employé à la Cotonnière lilloise, à Canteleu-Lille.

10. Gustave THOOFT, né le 2 décembre 1871, à Lille, employé chez M. Anèce Dartois, à Lille.

11. Louis FOURNIER, né le 19 octobre 1884, à Marquette-lez-Lille, employé chez MM. Boucquey et Winckelmans, à Lomme.

12. Maurice VERGRIÈTE, né le 30 novembre 1890, à Bollezeele, employé à la Compagnie pour la fabrication des compteurs à gaz, à Lille.

13. Henri FERTEIN, né le 5 octobre 1879, à Bailleul, employé à la Compagnie du Nord, ateliers d'Hellemmes.

14. Alphonse BAYEUL, né le 22 septembre 1892, à Saint-Omer, employé à la Compagnie de Fives-Lille.

15. Gustave HUJEUX, né le 19 novembre 1883, à Lille, employé à la fonderie d'Esquermes, à Lille.

16. Isidore ALLEGAERT, né le 6 février 1885, à Lille, employé chez MM. Thiriez père et fils, à Lille.

Certificats de capacité de Chauffeur.

Résultats par ordre de mérite.

1. AUGUSTE **VAN ZYNGÈLE**, né le 29 mai 1882, à Lille, employé à la Société anonyme des filatures Delesart Mallet et fils, à Lille.

2. GASTON **VAN COPPENOLLE**, né le 24 juillet 1882, à Lille, employé chez MM. Paul Le Blan et fils, à Lille.

3. ALBERT **KELDENICH**, né le 6 mars 1884, à Solre-le-Château, employé chez MM. Boucquey et Winckelmans, à Lomme.

4. AMÉDÉE **T'HOOFT**, né le 19 janvier 1886, à Lille, employé chez MM. Wauquier et Cie, à Lille.

5. HENRI **HONNARD**, né le 30 juillet 1881, à Beaucamp, employé chez MM. A. Pigon et Cie, à Hallennes-les-Haubourdin.

6. MARCEL **LOTTEAU**, né le 13 février 1881, à Bellignies, employé chez MM. Léon Crépy fils et Cie, à Canteleu-Lambersart.

7. JULES **HOLLEMART**, né le 1er janvier 1884, à Lille, employé chez MM. Bonte-Reublin, à Capinghem.

8. LOUIS **FLAMENT**, né le 28 juillet 1878, à Houplines, employé chez MM. H. Ireland et Cie, à Lille.

9. FERNAND **DUBAR**, né le 10 février 1882, à Lille, employé à la Compagnie du Nord, Usine électrique de Tourcoing.

10. ALPHONSE **PIENS**, né le 29 mai 1871, à Lille, employé à l'Institut Industriel du Nord de la France, à Lille.

11. EDMOND **VANDERSCHELDEN**, né le 23 mars 1883, à Lille, employé à l'Etablissement des bains de la Ville de Lille, rue de Cysoing.

12. RAYMOND **PETIT**, né le 18 mai 1890, à La Madeleine-lez-Lille, employé chez M. Gruson, à Lille.

13. JULES **CALIN**, né le 30 janvier 1885, à Lille, employé chez MM. Dujardin et Cie, à Lille.

14. MARCEL **GOGIBUS**, né le 7 avril 1891, à Fives-Lille, employé à la Compagnie du Nord, Ateliers d'Hellemmes.

Lille Imp. L. Danel.

1911

PROGRAMME DES PRIX

A DÉCERNER PAR LA

SOCIÉTÉ DES SCIENCES,

de l'Agriculture et des Arts

DE LILLE

La Société des Sciences de Lille, fondée en 1802, ayant été reconnue d'utilité publique par décret du 13 décembre 1862, est apte à recevoir les dons et legs de toute nature.

Elle emploie le revenu de ces dons et de ces legs conformément aux désirs exprimés par ses bienfaiteurs.

Chaque année elle distribue, en Séance solennelle, des prix d'Encouragement aux Sciences, aux Lettres, aux Arts ; au Dévouement, au Travail, à l'Épargne.

Les demandes de récompenses doivent être envoyées avant le premier octobre, délai de rigueur, à l'adresse suivante « Monsieur le Secrétaire général de la Société des Sciences à Lille », en se conformant aux conditions du programme ci-après.

Le programme des Prix est envoyé par le Secrétariat à toute personne qui en fait la demande et tous renseignements utiles sont fournis aux candidats.

PRIX D'ENCOURAGEMENT

AUX SCIENCES, AUX LETTRES, AUX ARTS

Prix Kuhlmann

à décerner en 1911.

M. Frédéric Kuhlmann, ancien président de la Société, lui a légué une somme de 50.000 francs, à charge de fondation de prix à décerner « perpétuellement, chaque année, en faveur de découvertes ou de travaux concernant l'avancement des sciences ou leurs applications, accomplis dans le département du Nord ».

La Société n'impose aucun programme, elle se réserve de décerner les prix, en dehors de tout concours, aux découvertes ou aux œuvres les plus remarquables qui lui seront signalées, pourvu qu'elles rentrent dans la catégorie générale des sciences proprement dites.

Deux prix de 1.000 francs pourront être décernés en 1911.

Prix Pingrenon

à décerner en 1911.

M. le Dr Pingrenon, ancien médecin principal de 1re classe, a légué à la Société un titre de rente française 3 %/0 de 250 fr., à charge de fondation d'un prix à décerner « perpétuellement, tous les deux ans, à l'auteur du meilleur mémoire, jugé digne, sur une question relative à l'assainissement de Lille ou à une autre question sur les sciences médicales, mise au concours. »

Le choix de la question relative à l'assainissement de Lille est laissé aux concurrents.

La Société met au concours les questions suivantes qui

pourront se référer soit à Lille, soit à l'un des autres centres ouvriers du département du Nord :

Microbiologie de l'air ou des eaux.
Des principales maladies infectieuses.
Des effets pathologiques de la houille et de sa combustion.
Assainissement des canaux.
Amélioration du système des égouts.
L'alcoolisme.
La tuberculose.
La mortalité infantile.

Un prix de 500 francs pourra être décerné en 1911.

Prix Debray

à décerner en 1911.

M. Henri Debray, ancien conducteur des Ponts et Chaussées à Lille, lauréat de la Société, lui a légué quatre obligations du chemin de fer de l'Est et une somme de 1000 francs, à charge de fondation d'un prix à décerner « perpétuellement, tous les deux ans, aux auteurs de travaux sur l'archéologie, la géologie ou les autres branches des sciences naturelles, les travaux de la Société géologique du Nord étant admis à concourir pour l'obtention de ce prix et devant conserver, à mérite égal, la priorité sur tous les autres travaux ».

La Société n'impose aucun programme, mais les travaux doivent se rapporter à la région du Nord de la France.

Un prix de 150 francs pourra être décerné en 1911.

Prix Gosselet

à décerner en 1911.

M. Jules Gosselet, doyen honoraire de la Faculté des Sciences, ancien président de la Société, lui a fait don d'une somme de 10.000 francs, produit d'une souscription publique, recueillie dans le but de lui offrir un objet d'art à l'occasion de son cinquantenaire universitaire.

La Société, à l'occasion de ce don, a créé deux prix à décerner perpétuellement, tous les deux ans et alternativement, aux travaux géologiques :

1° Une médaille d'or de 100 francs et un diplôme à un élève des cours de géologie ou de minéralogie de la Faculté des Sciences de Lille qui aura fait de bons comptes-rendus d'excursion ou qui aura passé son examen de certificat avec la mention : bien, pendant l'année courante ou l'année précédente.

2° Un prix de 500 francs à l'auteur d'un travail concernant la géologie du Nord de la France (Nord, Aisne, Ardennes, Pas-de-Calais, Somme et même Oise et Marne) ou à ses applications. Ce travail ne devra pas avoir plus de cinq ans de date.

Pourra être décernée :

La médaille d'or en 1911.

Les prix Gosselet sont attribués par un jury comprenant deux membres de la Société des Sciences, deux membres de la Société Géologique du Nord, désignés par ladite Société ; deux professeurs de géologie et de minéralogie de la Faculté des Sciences de Lille. La présidence du jury appartient, de droit, à un membre de la Société des Sciences et la voix du Président est prépondérante en cas de partage.

Prix Chon

Les neveux de M. François Chon ont fait don à la Société, en souvenir de leur oncle, ancien président, d'une somme de 500 francs.

La Société a décidé de capitaliser cette somme jusqu'au moment où elle atteindra 1000 francs ; le revenu sera alors consacré à la création d'un prix d'Histoire. Le capital au 31 décembre 1909 s'élèvera à 712 francs 84 centimes.

Prix Scrive-Wallaert

à décerner en 1911.

Mme Ve Scrive-Wallaert a fait don à la Société, en souvenir de M. Auguste Scrive, son mari, ancien membre titulaire, d'une somme de 5.000 francs.

La Société, à l'occasion de ce don, a créé un prix de 300 francs à décerner perpétuellement, tous les deux ans, aux arts décoratifs ou appliqués à l'industrie. Elle n'impose aucun programme et elle admet à concourir tous les artistes nés dans le département du Nord ou qui y sont fixés.

Prix Herlin

à décerner en 1911.

M. Auguste Herlin, ancien président de la Société, lui a fait don d'une somme de 1.000 francs.

Mlle Louise Blondeau, a fait don à la Société, en souvenir de M. Auguste Herlin, son oncle, d'une autre somme de 1.000 francs.

La Société, à l'occasion de ces dons, a créé un prix de 100 francs à décerner perpétuellement, tous les deux ans, dans la section de peinture. Elle n'impose aucun programme et elle admet à concourir tous les artistes nés dans le département du Nord ou qui y sont fixés.

Prix Danel

à décerner en 1911.

M. Léonard Danel, ancien président de la Société, lui a légué une somme de 10.000 francs pour « le revenu en être distribué chaque année ».

La Société, à l'occasion de ce legs, a créé un prix de 300 francs à décerner perpétuellement, chaque année, sous forme de médaille d'or ou en espèces, à l'auteur d'un travail relatif au Bassin houiller du Nord et du Pas-de-Calais.

La Société n'impose aucun programme et elle admet à concourir tous travaux ayant pour but : la connaissance scientifique du Bassin, la mise en valeur de ses produits, l'étude de sa législation, l'amélioration de l'hygiène et de la sécurité des mineurs, etc.

Prix Boldoduc
à décerner en 1912.

Le Comité de l'Œuvre Boldoduc, représenté par MM. Verly, président d'honneur, Hornez, président, Piccolati, trésorier, a fait don à la Société d'une somme de 2.200 francs, pour perpétuer le souvenir d'Edouard Boldoduc, dessinateur et graveur lithographe.

La Société, à l'occasion de ce don a créé un prix de 100 fr. qui pourra être décerné perpétuellement, tous les deux ans et alternativement, à la lithographie artistique et à la gravure commerciale. L'excédent du revenu sera capitalisé de façon à rendre annuel, dans l'avenir, le prix Boldoduc.

Pourront prendre part au concours que la Société ouvrira pour l'attribution du prix, les artistes nés dans l'arrondissement de Lille ou issus, sans distinction d'origine, de l'Ecole des Beaux-Arts de Lille. Le prix sera attribué en espèces sans aucune condition, ou sous forme de bourse de voyage.

M. Pierre Boldoduc a fait don, en souvenir de son oncle, d'une somme de 300 francs pour être ajoutée au prix.

Prix Desoblain
à décerner en 1913.

Mme Vve Rouzé-Desoblain a fait don à la Société, en souvenir de M. Evariste Desoblain, son père, d'une somme de 2.000 francs.

La Société, à l'occasion de ce don, a créé un prix de 250 francs, qui pourra être décerné tous les quatre ans et pour la première fois en 1913, à un pensionnaire Wicar, peintre de préférence, ayant terminé ses quatre années de séjour en Italie.

La Société joindra au Prix Desoblain un autre prix de 250 francs, prélevé sur les revenus de la Dotation Wicar jusqu'au jour où, par l'effet de nouveaux dons, la récompense atteindrait la somme de 500 francs, sans l'intervention financière de la Société.

L'attribution de ces prix ne sera point obligatoire ; ils pourront être différés ou capitalisés au cas où la date de sortie du pensionnaire peintre ne concorderait plus avec celle aujourd'hui fixée ou encore si le pensionnaire n'avait point satisfait, intégralement, aux obligations matérielles et morales de l'Œuvre pie Wicar.

Prix du Département.
à décerner en 1911.

La Société affectera une somme de 1.500 francs à l'attribution de récompenses, en 1911, à des travaux scientifiques, littéraires ou artistiques non prévus au programme des concours.

Sont admis à concourir tous auteurs nés dans le département du Nord ou qui y sont fixés, tous travaux relatifs au même département.

La Société joint, à titre de souvenir, aux prix Kuhlmann et Gosselet, un diplôme et une médaille de bronze, grand module, à l'effigie des donateurs ; aux prix Pingrenon, Debray, Scrive-Wallaert, Herlin, Bolddoduc, Desoblain, un diplôme et une médaille de bronze, grand module, portant le nom des donateurs.

Dotation Wicar.

La Société, soucieuse d'honorer la mémoire du chevalier J.-B Wicar, un de ses insignes bienfaiteurs, a décidé de prélever sur ses fonds libres, une somme de 25.000 francs, pour le revenu de 750 francs être affecté à favoriser les arts dans le département du Nord d'une façon générale, mais plus particulièrement à encourager les pensionnaires Wicar, à leur rentrée d'Italie, soit par l'achat d'une de leurs œuvres, soit par tout autre moyen jugé convenable.

Dotation Petit.

M. Delphin Petit, ancien membre titulaire de la Société, l'a instituée sa légataire universelle.

La Société, usant de la liberté que lui a laissée M. Petit et fidèle à la mission qu'elle s'est donnée, mais soucieuse aussi de répondre au désir énoncé par le testateur, a décidé de faire deux parts du legs.

Les revenus de la première seront affectés à des encouragements aux arts, section à laquelle appartenait M. Petit.

La seconde sera capitalisée pour satisfaire, éventuellement, au vœu du testateur qui a exprimé le désir de voir la Société des Sciences, tout en restant libre de faire du legs tel emploi qu'elle jugerait à propos, s'installer, en toute indépendance, dans un local qui lui soit propre.

Prix Delphin Petit
à décerner en 1911.

La Société a créé, pour 1911, un prix destiné à la peinture.

Le prix Delphin Petit sera décerné à un artiste-peintre, âgé de 30 ans au moins, de nationalité française, né dans le département du Nord ou y comptant dix ans de résidence.

Aucun programme n'est imposé. Le prix sera attribué sur présentation d'une série de travaux ou d'œuvres et sans que les récompenses obtenues antérieurement puissent entrer en ligne de compte, autrement que comme éléments d'appréciation.

Il pourra récompenser une carrière d'artiste.

Le jury chargé de proposer l'attribution du Prix comprendra sept membres, dont trois pourront être pris en dehors de la Société.

Le Prix consistera en une somme de 1.500 francs et une plaquette en argent à l'effigie de M. Delphin Petit.

Dans le cas où il n'aurait pu être attribué en 1911 il serait reporté à l'année suivante.

Prix de Photographie
(Fondation Léon Lefebvre et Paul Pannier)
à décerner en 1912.

Dans le but d'honorer la mémoire de leur regretté collègue et ami Delphin Petit, dont ils furent les exécuteurs testamentaires, et de rappeler les remarquables travaux de photographie d'art et d'archéologie qu'il exécuta pendant sa vie, MM. Léon Lefebvre et Paul Pannier ont versé le montant intégral de leurs honoraires dans la caisse de la Société des Sciences, en exprimant le désir qu'elle décerne perpétuellement, tous les deux ans, avec les revenus de la somme versée, un prix réservé à la photographie.

La Société, à l'occasion de cette libéralité, a créé un prix qui pourra être attribué :

Soit à l'auteur d'un choix de photographies archéologiques telles que monuments publics antérieurs à la Révolution, dessins, tableaux, sculptures, meubles, tapisseries, objets d'art anciens conservés dans les églises, musées et collections particulières intéressant Lille et la région du Nord de la France (Nord, Pas-de-Calais, Somme, Aisne et Ardennes);

Soit à l'inventeur d'un perfectionnement dans les procédés photographiques actuels, ne remontant pas au delà de cinq années et applicables aux Sciences, aux Arts ou à l'industrie du Livre.

Les conditions du concours sont les suivantes :

Les candidats devront être de nationalité française ; ils devront présenter une série de clichés photographiques (négatifs sur verre), obtenus directement et non par agrandissement, au nombre de vingt-cinq du format 13 × 18, ou quinze du format 18 × 24, ou dix du format 24 × 30. Des épreuves positives obtenues sur papier aux sels d'argent, sans retouche, seront jointes à l'envoi ; elles porteront l'indication du sujet, du lieu et de la date d'exécution, le nom et l'adresse de l'auteur.

L'inventeur d'un perfectionnement dans les procédés photographiques devra en fournir la description en un mémoire détaillé avec pièces ou épreuves à l'appui ; la commission d'examen sera libre de demander qu'une démonstration pratique soit faite sous ses yeux.

Le jury se composera de quatre membres pris dans le sein de la Société et dont la spécialité se rapprochera le plus de l'objet du concours ; un ou plusieurs représentants ou délégués de Sociétés photographiques de la région pourront leur être adjoints.

Les épreuves photographiques qui auront mérité les suffrages de la Société, resteront sa propriété, hormis le droit de reproduction.

Le Prix de Photographie (FONDATION LÉON LEFEBVRE et PAUL PANNIER) consistera en une somme de 250 francs, à laquelle sera jointe une plaquette en argent à l'effigie de M. Delphin Petit. Il sera décerné pour la première fois en 1912 ; au cas où il n'y aurait pas lieu à récompense, le prix serait reporté à l'année suivante.

PRIX D'ENCOURAGEMENT

AU DÉVOUEMENT, AU TRAVAIL, A L'ÉPARGNE

Prix Delattre-Parnot

à décerner en 1911.

M. et Mme Carlos Delattre-Parnot ont fait don à la Société d'une somme de 10.000 francs.

La Société, à l'occasion de ce don, a créé un prix de 300 francs avec grande médaille d'argent et diplôme à décerner perpétuellement, chaque année, à une personne qui se sera signalée par des actes de dévouement accomplis dans l'arrondissement de Lille.

Prix Scrive-Loyer

à décerner en 1911.

MM. J. et A. Scrive ont fait don à la Société, en souvenir de M. Jules Scrive, leur père, ancien membre titulaire, d'une somme de 2.000 francs.

La Société, à l'occasion de ce don, a créé un prix de 100 francs avec grande médaille d'argent et diplôme à décerner perpétuellement, tous les deux ans, à une personne qui se sera signalée, par des actes de dévouement accomplis dans l'arrondissement de Lille.

Prix de la Société

à décerner en 1911.

Un prix de 100 francs, avec grande médaille d'argent et diplôme, pourra être décerné en 1911, à une personne qui se sera signalée par des actes de dévouement accomplis dans le département du Nord, en dehors de l'arrondissement de Lille.

Prix Henri Faure

à décerner en 1911.

Les enfants de M. Henri Faure, ont fait don à la Société, en souvenir de leur père, ancien membre titulaire, d'une somme de 1.000 fr.

La Société, à l'occasion de ce don, a créé des prix d'une valeur totale de 100 francs, consistant surtout en médailles avec diplômes, à décerner perpétuellement, tous les quatre ans, à des enfants des deux sexes, qui se seront signalés dans le département du Nord, « soit par une conduite exemplaire, soit par un acte méritoire ».

Prix Léonard Danel

à décerner en 1911.

M. Léonard Danel, ancien président de la Société, lui a fait don d'un titre de rente 3 % de 200 francs.

La Société à l'occasion de ce don a créé six médailles d'honneur à décerner perpétuellement, chaque année, à d'anciens serviteurs ayant accompli dans l'arrondissement de Lille plus de 30 années de bons services, sans interruption, chez le même patron ou maître.

Prix Perpetuels

à décerner en 1911.

Melle Louise Blondeau, de Lille,
Mme Jules de Vicq de Montdhiver, de Lille,
Mme Firmin Grimonprez, de Lille,
MM. Agache-Kuhlmann, de Lille,
  Bernard frères, de Lille,
  Bigo-Danel, de Lille,
  Max Brame, de Marquillies,
  Catel-Béghin, de Lille,
  Crespel et Descamps et Ch. Crespel et Fils, de Lille,
  Louis Delcourt et Cie, de Lille,
  Jules Denneulin, de Lille,
  Ernest Descamps, de Lille,
  E. Dupont-Fontaine, de La Madeleine-lez-Lille.
  Edmond Faucheur, de Lille,
  Ernest Loyer, de Lille,
  Lauwick et Gallant, de Comines,
  Lefebvre-Ducrocq, de Lille,
  Poullier-Longhaye, de Lille,
  Quarré-Reybourbon, de Lille,
  Jules Scrive-de Négri, de Lille,
  A. Scrive-Wallaert, de Lille,
  Tiberghien frères, de Tourcoing,
  Wallaert frères, de Lille,
  J. Watrelot-Laden et H. Watrelot-Lelong, de Lille,
Les Établissements Kuhlmann, de Lille,
La Société Th. Barrois, de Fives-Lille,
ont fait don à la Société d'une somme de 1.000 francs chacun.

La Société à l'occasion de ces dons a créé 26 médailles

d'honneur, à décerner perpétuellement chaque année, à d'anciens serviteurs ayant accompli dans l'arrondissement de Lille plus de 30 années de bons services, sans interruption, chez le même patron ou maître.

Prix Temporaires
à décerner en 1911.

M. Julien LAGACHE, de Roubaix, 600 francs (1897-1916), Mme Vve LAROCHE-BAUCHET, de Lille, 300 francs (1908-1917), ont fait don à la Société d'une somme globale de 900 francs permettant la création de médailles d'honneur à décerner chaque année, pendant 20 ou 10 années, à d'anciens serviteurs de l'arrondissement de Lille remplissant les conditions exigées pour les prix perpétuels.

Deux médailles pourront être décernées en 1911.

Diplômes de rappel de Médaille d'honneur
à décerner en 1911.

La Société décerne ces diplômes aux lauréats des médailles d'honneur, 10 ans après l'obtention de la récompense, lorsque les services ont été continués dans la même maison.

Diplômes d'honneur
· à décerner en 1911.

M. Scrive de Negri, ancien membre titulaire, ayant fait don à la Société d'une pierre destinée à la gravure de diplômes d'honneur, la Société pourra décerner ces diplômes, chaque année, à des serviteurs de l'arrondissement de Lille ayant passé 50 années dans la même maison.

Prix Auguste Fauchille.
à décerner en 1911.

M. Auguste Fauchille, ancien président de la Société, lui a fait don, en 1910, d'une somme de 100 francs et d'une médaille d'argent pour être décernées, en 1911, à un ancien serviteur ayant accompli plus de 35 années de bons services, chez un industriel lillois, et âgé de 60 ans au moins. Les titulaires de médailles d'honneur de la Société sont admis à concourir.

La Société joindra, au prix Fauchille, un diplôme.

Prix Victoire Parnot
à décerner en 1911

M. et Mme Carlos Delattre-Parnot ont fait don à la Société, en souvenir de Mme Vve Kindt, née Victoire Parnot, leur sœur et belle-sœur, d'une somme de 2.000 francs.

La Société, à l'occasion de ce don, a créé un prix de 60 francs avec médaille d'argent et diplôme à décerner perpétuellement, chaque année, à un chauffeur d'un établissement industriel de l'arrondissement de Lille, le plus méritant parmi ceux qu'elle sera appelée à récompenser.

Prix Van Hende
à décerner en 1912.

M. Édouard Van Hende, ancien président de la Société, lui a légué une somme de 6.000 francs à charge de fondation d'un prix à décerner « perpétuellement et alternativement, à un instituteur et à une institutrice primaire de la circonscription des neuf arrondissements de Lille, sous forme d'une médaille d'or ou d'une médaille d'argent accompagnée de la somme de cent quatre-vingts francs. »

Pour consolider sa fondation et éviter qu'elle devienne à charge à la Société dans l'avenir, le testateur a décidé que la remise de la médaille serait suspendue tous les cinq ans pour le revenu être capitalisé.

Prix de la Société

à décerner en 1911

La Société décerne chaque année aux élèves les plus méritants du Cours des Chauffeurs de Lille, fondé par elle, des médailles d'argent ou de bronze avec diplômes ; elle y joint des primes en argent, le cas échéant.

La Société affecte une somme de 150 francs à ces récompenses qui seront attribuées par elle sur la proposition du Jury d'examen des élèves du Cours.

Prix Henri Violette

à décerner en 1911.

M. Henri Violette, ancien président de la Société, membre fondateur de la Compagnie immobilière de Lille pour la construction de maisons ouvrières, a légué, à la ville de Lille, cinq actions de ladite Compagnie à charge d'en servir à la Société le revenu « qui est remis, chaque année, dans la séance solennelle, au locataire le plus méritant d'une des maisons de la Compagnie, père d'une nombreuse famille, sage et honnête ouvrier, pour l'aider au paiement partiel de l'immeuble qu'il occupe et qu'il a déjà acquis en forte proportion »

Le lauréat est choisi par M. le Maire de Lille, sur une liste de présentation dressée par le Conseil d'administration de la Compagnie immobilière.

Le revenu des cinq actions, quand la Compagnie prendra fin, sera remis « à un ouvrier honnête, père de famille, recommandable par ses longs et bons services dans la même maison ».

Un prix de 115 francs pourra être décerné en 1911.

La Société joint, au prix Violette, un diplôme.

SOCIÉTÉ DES SCIENCES, DE L'AGRICULTURE ET DES ARTS DE LILLE

LISTE DES MEMBRES

au 15 décembre 1910.

BUREAU DE 1910.

Président......................	MM.	CALMETTE.
Vice-Président.....................		DANCHIN.
Secrétaire-Général................		FOCKEU.
Secrétaire de correspondance....		THÉODORE, Alphonse.
Trésorier.........................		LEFEBVRE, Léon.
Bibliothécaire-Archiviste..........		RIGAUX.

BUREAU DE 1911.

Président.....................	MM.	DANCHIN.
Vice-Président....................		WITZ.
Secrétaire-Général...............		FOCKEU.
Secrétaire de correspondance.....		THÉODORE, Alphonse.
Trésorier........................		LEFEBVRE, Léon.
Archiviste.......................		RIGAUX.

MEMBRES HONORAIRES DE DROIT

Le Général commandant le 1er corps d'armée.
Le Préfet du département du Nord.
Le Maire de la ville de Lille.

MEMBRES DE DROIT

Le Recteur de l'Université de Lille.
L'Inspecteur d'Académie en résidence à Lille.

MEMBRES HONORAIRES ET MEMBRES TITULAIRES

	Date de l'admission.	MM.
H	1865.	Gosselet (Jules), O ✳, géologue, doyen honoraire de la Faculté des Sciences, rue d'Antin, 18.
H	1875.	Rigaux (Henri), archéologue, rue de la Clef, 28.
H	1876.	Verly (Hippolyte), ✳, homme de lettres, président de la Commission centrale des Musées du Palais des Beaux-Arts, rue Solférino, 7.
H	1878.	Barrois (Charles), O✳, géologue, membre de l'Institut, professeur à la Faculté des Sciences, rue Pascal, 41.
H	1880.	Hallez (Paul), zoologiste, professeur à la Faculté des Sciences, rue Jean-Bart, 58.
1	1883.	Damien (B. C.), ✳, doyen de la Faculté des Sciences, rue Brûle-Maison, 74. — Physique.
H	1884.	Mongy (Alfred), ✳, ingénieur, ancien directeur des travaux munipaux, rue d'Artois, 1.
2	—	Agache-Kuhlmann (Edouard), ✳, filateur, rue de Tenremonde, 18. — Industrie.
3	—	Dubar (Gustave), O ✳, rue de Pas, 9. — Economie politique.
H	1886.	Péroche (Jules), ✳, littérateur, directeur honoraire des contributions indirectes, rue de la Bassée, 7.

Le signe H indique les membres titulaires admis à l'honorariat, conformément à l'article VIII des Statuts.

Date de l'admission.	MM.

4 1886. DUBAR (Louis), O✳, professeur à la Faculté de Médecine, rue de Tournai, 82. — Chirurgie.

5 — BARROIS (Théodore), professeur à la Faculté de Médecine, rue Nicolas-Leblanc, 51.— Histoire naturelle.

6 1889. DEMARTRES (Léon), doyen honoraire de la Faculté des Sciences, avenue Saint-Maur, 1, La Madeleine-lez-Lille. — Mathématiques.

7 — MOURCOU (Auguste), architecte, rue Manuel, 103. — Beaux-Arts.

8 — LECOCQ (Frédéric), professeur au Conservatoire, rue Colbert, 64. — Musique.

9 1893. BATTEUR (Carlos), O✳, architecte, rue Jean-sans-Peur, 9. Beaux-Arts.

10 — KOSZUL (Julien), directeur de l'École nationale de Musique, rue de Soubise, 63, Roubaix. — Musique.

11 — CORDONNIER (Louis), architecte, rue d'Angleterre, 28. Beaux-Arts.

12 — LEFEBVRE (Léon), imprimeur, rue de Tournai, 88. – Histoire locale.

13 — DE WINTER (Pharaon), artiste-peintre, professeur à l'Ecole des Beaux-Arts, rue de l'Entrepôt, 10. — Beaux-Arts.

14 1894. BUISINE (Alphonse), ✳, professeur à la Faculté des Sciences, rue Jacquemars-Giélée, 41. — Chimie.

15 1895. FAUCHEUR (Edmond), ✳, président de la Chambre de Commerce, square Rameau, 13. — Industrie.

16 — FAUCHILLE (Auguste), avocat, rue Royale, 56. — Jurisprudence.

17 — ANGELLIER (Auguste), ✳, ancien doyen de la Faculté des Lettres, boulevard Vauban, 82. — Littérature.

18 — DANCHIN (Fernand), avocat, adjoint au Maire, quai de la Basse-Deûle, 34. — Jurisprudence, Bibliographie lilloise.

Date de l'admission.	MM.

19   1895.   CALMETTE (Albert) C ※, directeur de l'Institut Pasteur. — Microbiologie.

II   1900.   HAUTCŒUR (Mgneur Edouard), historien, prélat de la Maison de Sa Sainteté, route de Dunkerque, 40, Canteleu-Lomme.

20   —   PENJON (Auguste), ※, professeur à la Faculté des Lettres, rue du Bloc, 10, Douai. — Philosophie.

21   —   PETOT (Albert), professeur à la Faculté des Sciences, rue Auber, 55. — Mécanique.

22   —   VALLAS (Louis), doyen honoraire de la Faculté de Droit, rue de la Barre, 90. — Jurisprudence.

23   —   PANNIER (Paul), président de la Commission du Conservatoire, rue de l'Hôpital-Militaire, 15. — Musique.

24   1903.   BIGO-DANEL (Emile), ※, imprimeur, président de la Société industrielle et de l'Union artistique du Nord, rue Royale, 85. — Industrie, Beaux-Arts.

25   —   DEPLECHIN (Eugène), sculpteur, président de la Commission de l'Ecole des Beaux-Arts, rue de Douai, 96. — Beaux-Arts.

26   —   LEFEBVRE (Paul), artiste-peintre, boulevard de la Liberté, 209. — Beaux-Arts.

27   1904.   THÉODORE (Alphonse), membre de la Commission des Musées, rue Solférino, 197. — Archéologie.

28   —   WITZ (Aimé), professeur à la Faculté libre des Sciences ,rue d'Antin, 29. — Physique.

29   —   WERTHEIMER (Emile), professeur à la Faculté de Médecine, rue de Bourgogne, 31. — Physiologie.

30   —   SURMONT (Hippolyte), professeur à la Faculté de Médecine, rue du Dragon, 10. — Médecine, Hygiène.

31   1905.   LEURIDAN (chanoine Théodore), président de la Société d'Etudes de la province de Cambrai, rue des Arts, 14, Roubaix. — Histoire.

32   —   FOCKEU (Henri), professeur à la Faculté de Médecine, place Philippe-Lebon, 13. — Botanique.

Date de l'admission.	MM.

33 1906. **Parenty** (Henri), ✻, directeur de la Manufacture des Tabacs, rue du Pont-Neuf, 39. — Génie civil, Histoire.

34 — **Lefévre** (Georges), ✻, doyen de la Faculté des Lettres, rue de Thionville, 30 *bis*. — Science de l'éducation.

35 — **Lambling** (Ernest), ✻, professeur à la Faculté de Médecine, rue Brûle-Maison, 97. — Chimie.

36 — **Clainpanain** (Théodore), président de la Commission du Musée d'archéologie, rue Puébla, 9. — Céramique.

37 1907. **Levé** (Albert), ancien juge au Tribunal, président de la Commission du Musée Wicar, rue des Pyramides, 6. — Jurisprudence, Beaux-Arts.

38 1908. **Duret** (Henry), professeur à la Faculté libre de Médecine, boulevard Vauban, 21. — Chirurgie.

39 1909. **Naudé** (Emile), ✻, directeur de l'Institut industriel, rue de Bruxelles, 4. — Ponts et Chaussées.

40 — **Bruchet** (Max), archiviste du Département, rue du Pont-Neuf, 1. — Paléographie, Histoire.

41 — **Lemoult** (Paul), directeur de l'Ecole de Commerce, rue Brûle-Maison, 48. — Chimie.

42 — **Ouï** (Marcel), professeur à la Faculté de Médecine, rue Solférino, 201. — Médecine, Hygiène.

43 1910. **Lemoine** (Armand), directeur des travaux municipaux, rue Caumartin, 26. — Ponts et Chaussées.

44 — **Benoit** (François), professeur à la Faculté des Lettres, rue de Dragon, 2. — Beaux-Arts.

45 — **Douxami** (Henri), professeur à la Faculté des Sciences, rue Blanche, 26. — Géologie.

46 — **Théodore** (Emile), conservateur-adjoint des Musées du Palais des Beaux-Arts, rue Solférino, 323. — Archéologie, Gravure.

47 — **Ledieu-Dupaix** (A.), consul des Pays-Bas et du Luxembourg, rue Négrier, 27. — Economie sociale, Beaux-Arts.

ANCIENS PRÉSIDENTS DE LA SOCIÉTÉ

MM.	MM.
1802 BECQUET DE MEGILLE.	1838 LESTIBOUDOIS, Th.
1803 BECQUET DE MEGILLE,	1839 DAVAINE.
1804 MALUS. — SACHON.	1840 KUHLMANN.
1805 SACHON.	1841 MACQUART.
1806 BOTTIN.	1842 DOURLEN.
1807 BOTTIN.	1843 LEGRAND.
1808 LEFEBVRE.	1844 DE CONTENCIN.
1809 LEFEBVRE.	1845 LE GLAY.
1810 BOTTIN.	1846 LESTIBOUDOIS, Th.
1811 BOTTIN.	1847 MACQUART.
1812 BOTTIN.	1848 LOISET.
1813 BOTTIN.	1849 CAZENEUVE.
1814 BOTTIN.	1850 MILLON.
1815 BOTTIN.	1851 LEGRAND.
1816 ALAVOINE.	1852 BAILLY.
1817 ALAVOINE.	1853 LE GLAY.
1818 SACHON.	1854 MACQUART.
1819 ALAVOINE.— CHARPENTIER.	1855 VIOLETTE, Henri.
1820 LAFUITE. — VAIDY.	1856 CHON.
1821 VAIDY. — SACHON.	1857 PASTEUR. — LAMY.
1822 SACHON. — VAIDY.	1858 VIOLETTE, Henri.
1823 SACHON.	1859 KUHLMANN.
1824 VAIDY.	1860 GIRARDIN.
1825 VAIDY.	1861 DE COUSSEMAKER.
1826 DUHAMEL.	1862 LAMY.
1827 MACQUART.	1863 CHON.
1828 FÉE.	1864 VIOLETTE, Henri.
1829 VAIDY.	1865 DE MELUN.
1830 GUILLOT.	1866 GIRARDIN.
1831 LONGER. — BAILLY.	1867 BENVIGNAT.
1832 FÉE. — LESTIBOUDOIS, Th.	1868 GUIRAUDET.
1833 MACQUART.	1869 CHON.
1834 DESMAZIÈRES.	1870 MENCHE DE LOISNE.
1835 BAILLY.	1871 BLANQUART-ÉVRARD.
1836 KUHLMANN.	1872 CORENWINDER.
1837 LE GLAY.	1873 KUHLMANN.

MM.

1874 CHON.
1875 VIOLETTE, Charles.
1876 VAN HENDE.
1877 MEUREIN.
1878 LAVAINNE.
1879 PARISE.
1880 HOUDOY.
1881 GOSSELET.
1882 DELIGNE.
1883 TERQUEM.
1884 COLAS.
1885 DE NORGUET.
1886 VANDENBERGH.
1887 HALLEZ, Louis.
1888 DEHAISNES.
1889 SOUILLART.
1890 HOUZÉ DE L'AULNOIT.
1891 WANNEBROUCQ.

MM.

1892 HERLIN.
1893 DANEL.
1894 VERLY.
1895 BARROIS, Charles.
1896 MOY.
1897 FOLET.
1898 FINOT.
1899 HALLEZ, Paul.
1900 MONGY.
1901 DAMIEN.
1902 AGACHE-KUHLMANN.
1903 BATTEUR.
1904 GOSSELET.
1905 QUARRÉ-REYBOURBON.
1906 BARROIS, Charles.
1907 FAUCHILLE, Auguste.
1908 BARROIS, Théodore.
1909 BIGO-DANEL.